INHALT

Vorwort 9

Große Namen, große Egos, immer Action
Von Hamburg über Mailand nach New York und zurück:
mein Weg ins Modelbusiness 19

Warum nicht ich?
Keine Frage der Schönheit: der Weg zum ersten Modeljob . . 31

    Bewerbungen 33
    Scouting 39
    Development 40
    Voraussetzungen 47
    Eltern 55

Weinen usw.
Gezeichnet von Germany's Next Topmodel: die Sorte Ruhm,
die niemand braucht 59

    Miss Germany 78

Keep The Ball Rolling
Wie Agenturen arbeiten. Und wie der E-Commerce
neue Regeln schafft 81

    Verträge, Geld und unseriöse Tricks 83
    Booker 86
    Agentur 89
    Partneragenturen 90
    Selbstverständnis 92
    Der deutsche Agenturmarkt 95
    Castingagenturen 98
    Velma 99

Agenturmarkt international 101
Kunden 105

Cover, Likes und Superbrands
Was Models erfolgreich macht. Wie Hypes, Trends
und ein paar Grundsätze das Business prägen 113

Misserfolg 127
Karriereende. 128
It-Girls. 129
Männer 136
Ausstrahlung 138
Typen, Trends, Diversity 140
Plus Size. 144
Nudes 149
Sitten, Sexismus und MeToo 150
Ein Fall von Infamie oder Erfolg schafft Neider 154
Fotografen 157

Don't Believe The Like
Wie Instagram und Influencer das Modelbusiness
verändern   161

Die Macht der großen Zahl: das Geschäftsmodell
der Influencer. 179
Nichts als die Wahrheit: ein Blick auf Zahlen
und Daten 187

Und jetzt?
Wie es weitergeht. Was auf Models und Agenturen zukommt.
Und was mir wichtig ist 207

Die Marke MGM 209
Was kommt, was geht 211
Verantwortung. 216

Über den Autor. 223

Marco Sinervo

FAME vs. FAKE

Wie das Geschäft von Models und Influencern wirklich läuft

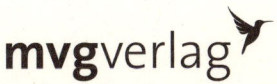 mvgverlag

Bibliografische Information der Deutschen Nationalbibliothek
Die Deutsche Nationalbibliothek verzeichnet diese Publikation in der Deutschen Nationalbibliografie. Detaillierte bibliografische Daten sind im Internet über http://dnb.d-nb.de abrufbar.

Für Fragen und Anregungen
info@mvg-verlag.de

Wichtiger Hinweis
Ausschließlich zum Zweck der besseren Lesbarkeit wurde auf eine genderspezifische Schreibweise sowie eine Mehrfachbezeichnung verzichtet. Alle personenbezogenen Bezeichnungen sind somit geschlechtsneutral zu verstehen.

Originalausgabe
1. Auflage 2022
© 2022 by mvg Verlag, ein Imprint der Münchner Verlagsgruppe GmbH
Türkenstraße 89
80799 München
Tel.: 089 651285-0
Fax: 089 652096

Text: Philip Reichardt, Marco Sinervo
Redaktion: Iris Rinser
Umschlaggestaltung: Manuela Amode
Umschlagabbildung und Abbildungen Innenteil: © MGM Models
Satz: Carsten Klein, Torgau
Druck: CPI
Printed in the EU

ISBN Print 978-3-7474-0413-3
ISBN E-Book (PDF) 978-3-96121-803-5
ISBN E-Book (EPUB, Mobi) 978-3-96121-804-2

Wir produzieren
nachhaltig
www.m-vg.de

Weitere Informationen zum Verlag finden Sie unter

www.mvg-verlag.de

Beachten Sie auch unsere weiteren Verlage unter www.m-vg.de

für Maike

VORWORT

Für Außenstehende lebt der Chef einer Modelagentur vermutlich einen oberflächlichen Traum, der sorgenfrei rund um den Erdball führt, von Party zu Party, immerzu begleitet und umgeben von hübschen Frauen, Celebrities und niemals versiegendem Glamour. Diese glitzernde Parallelwelt gab es tatsächlich, ich habe sie in meinen Anfangsjahren noch erlebt. Aber das ist lange her. Im Modelbusiness ist kaum noch etwas so, wie es einmal war.

Wir haben so vieles digitalisiert, optimiert, retuschiert und neu geordnet, dass viele Menschen, die in dieser Branche arbeiten, nicht mehr hinterherkommen. Und auch mir brummt manchmal der Kopf. Über zwei Jahrzehnte arbeite ich sehr erfolgreich im Modelbusiness. Meine Agentur MGM ist eine der größten und erfolgreichsten Agenturen Europas. Lange habe ich es nicht für möglich gehalten, dass meine Branche einmal so stark von Veränderung betroffen sein wird. Manche Themen habe ich kommen sehen, andere erst mal verdrängt.

Fast Fashion hatte enormen Einfluss auf das Modelgeschäft. Die vielen großen Ketten, die in unfassbarer Geschwindigkeit die Entwürfe großer Designer kopieren und den Markt mit ihren billigen, unter widrigsten Umständen produzierten Kollektionen fluten. Dadurch haben viel mehr Menschen als früher die Chance, sich modisch und aktuell zu kleiden. Man sieht eine teure Jacke bei Gucci für zweitausend Euro und kauft ein paar Wochen später eine sehr ähnliche Jacke bei Zara für dreißig Euro. Nur ohne Gucci-Label.

Als Reaktion darauf hat sich ein übertriebenes Markenbekenntnis entwickelt, zelebriert von Influencerinnen und Rappern auf Social-Media-Kanälen. Immer im Mittelpunkt, immer deutlich sichtbar: die Label, egal, ob Chanel, Dior oder Hermès.

Capital Bra im kompletten Gucci-Trainingsanzug, mit Cap und Sneakern von Balenciaga für 800 Euro. Caro Daur von Kopf bis Fuß in Bottega Veneta, Fendi und Prada in den teuersten Hotels der Welt. Viele Teenager finden das cool, Jugendliche aus besserem Elternhaus oft lächerlich. Sie können es sich erlauben, sustainable zu sein und einen Lebensstil pflegen, in dem Kleiderkreisel, Naturkosmetik, Vegan Food, MacBook und Chai Latte die Hauptrolle spielen.

Um zu verstehen, was im Modelbusiness vor sich geht, ist eines wichtig zu wissen: Die Modelbranche ist Zulieferer für die Modeindustrie. Ändern sich die Bedingungen, unter denen Mode produziert und vermarktet wird, ändern sich auch die Arbeitsbedingungen der Models und die Anforderungen an Agenturen wie MGM.

Seit rund zehn Jahren gibt es im Modehandel keinen Zuwachs mehr, das heißt: Verkauft eine Marke mehr, verkauft eine andere weniger. Es herrscht ein permanenter Verdrängungswettbewerb, entsprechend hoch ist der Druck auf alle, die mit den großen Modemarken zusammenarbeiten. Das betrifft Stofflieferanten genauso wie Modelagenturen. Die Luxusbranche dominieren zwei französische Konzerne: Louis Vuitton Moet Hennessy, kurz LVMH – zu dem Marken wie Louis Vuitton, Christian Dior, Fendi, Bulgari, Givenchy oder Céline gehören – und Kering mit Marken wie Gucci, Bottega Veneta, Balenciaga, Alexander McQueen und Brioni. Beide Konzerne sind an der Börse notiert und damit verpflichtet, ihre Gewinne Jahr für Jahr zu steigern. Auch das ist ein Grund, weshalb die Produktionszyklen der Modeindustrie irre kurz geworden sind. Die klassischen Saisons, bestehend aus einer Frühjahrskollektion und einer Herbstkollektion, das ist lange vorbei. Der E-Commerce, der Onlinehandel, und die Fast-Fashion-Brands haben das Tempo in der Modewelt enorm beschleunigt. Neue Kleidung kommt mittlerweile nahezu wöchentlich auf den Markt. Das bedeutet, es wird ständig produziert, die Kleidung wie die Fotos, die sie zeigt. Je mehr in Online-Shops gekauft wird, umso mehr Bildmaterial wird für die Bedürfnisse des digitalen Handels produziert, anstatt wie früher für Kataloge, Look Books oder Magazine. Riesige Fotostudios sind genau auf eine solche Arbeitsweise ausgelegt. Fotos werden dort wie am Fließband gefertigt, ein Motiv nach dem anderen. Models werden dort inzwischen wochen- und sogar monatsweise gebucht.

Corona hat diese Entwicklung nochmal verstärkt. Die großen Gewinner sind die Onlinehändler. Zalando verzeichnet Rekordzahlen, ebenso Asos und About You, das inzwischen an der Börse gehandelt wird. Eine Shopping Community wie Veepee macht einen Umsatz von mehr als drei Milliarden im Jahr, die deutsche Variante Best Secret liegt immerhin auch schon bei 300 Millionen Euro. Und auch die großen Ketten wie H&M und Zara machen online immer mehr Geschäft, während der stationäre Handel stagniert oder sogar Verluste macht. Dabei wird es bleiben. Ich bedaure das, weil ich es liebe, in kleinen Boutiquen einzukaufen.

Eines haben die jungen Menschen der »Gen Z« aber gemeinsam. Sie lesen keine Magazine mehr, schauen kein klassisches Fernsehen, sondern streamen Netflix, Amazon Prime und Spotify und holen sich Inspiration und Informationen über Social-Media-Kanäle wie Instagram.

»Before it's in fashion, it's in Vogue« lautete der Slogan des bedeutendsten Modemagazins der Welt. Über viele Jahre bestimmte dieses Credo auch meine Arbeit als Modelagent. Die Vogue machte nicht nur Designer, sondern auch Models groß. Hunderte habe ich auf Covern und in aufwendigen Modestrecken platziert. Eine Buchung für das Cover der Elle oder der Vogue galt als Garantie für eine erfolgreiche Karriere. Heute kämpfen alle großen Modemagazine gegen dramatisch schwindende Auflagen und Anzeigenerlöse. Sie haben den digitalen Wandel verschlafen und besitzen kaum noch Renommee und Einfluss. Unsere Models und Influencer kaufen sich Magazine nur noch als schicke Coffee-Table-Accessoires, ohne sie zu lesen oder wenigstens darin zu blättern. Der immense Bedeutungsverlust wird deutlich, wenn man sich die Zahlen ansieht. Die deutsche Vogue hat derzeit noch eine Auflage von rund 70 000 Exemplaren. Viele meiner guten Models und Influencer haben Followerzahlen im Millionenbereich.

Auch für die Fotografie hat das Konsequenzen. Modefotografie galt viele Jahrzehnte lang als Kunstform, Fotografen wurden gebucht und hoch bezahlt für ihren einzigartigen Stil, viele Fotos fanden den Weg in Museen, Ausstellungen und opulente Bildbände. Der Anspruch von Modefotografen war es, mit Hilfe von Stylisten, Hair- und Make-up-Artists ein Foto zu machen, das ohne Retusche auskam. Das ist vorbei, genauso wie mit großer Entourage nach Tulum in Mexiko zu fliegen, um dort eine achtseitige Wäschestrecke zu fotografieren. Welcher Aufwand früher betrieben wurde, um ein Foto zu inszenieren, das ist jungen Fotografen heute schwer zu vermitteln. Erst recht, wenn sie in einem der großen Studios der Onlinehändler fest angestellt bis zu sechzig Stunden die Woche für ein Gehalt von 3000 Euro im Monat arbeiten. Für kreative Arbeit bleibt da kaum Zeit.

Auch Instagram hat die Modelbranche massiv verändert, indem es sich nahezu unbemerkt zur wichtigsten Werbeplattform weltweit entwickelt hat. Kaum ein Model verzichtet auf einen Instagram-Account, weil zusätzliche Jobs und Einnahmen locken, für Kunden ergeben sich neue Möglichkeiten der Vermarktung. Models arbeiten als Influencer, Influencer laufen auf Fashion Shows, die Trennlinien zwischen Models und Influencern werden immer unschärfer.

Mit Instagram entstanden aber auch neue Fragen. Models wollen wissen: Wie soll ich meinen Instagram-Account am besten anlegen? Wie gewinne ich Follower dazu, wie erhöhe ich meine Reichweite? Wie gewinne ich die Aufmerksamkeit bestimmter Kunden? Wie soll ich mich und mein Leben darstellen? Jungen Frauen und Männern, die gerade dabei sind, ihren Weg zu finden und erwachsen zu werden, darauf eine Antwort zu geben, finde ich grenzwertig. Viele wissen noch gar nicht, wer sie sind. Einen Account authentisch und gleichzeitig professionell und ästhetisch zu gestalten, ist ein sehr schmaler Grat. Nicht nur Models und Influencer finden es inzwischen völlig normal, jede Falte zu glätten, jeden Flecken, jede Unreinheit aus ihren Fotos zu entfernen. Wo aber verläuft die Grenze beim Versuch, mein Bild zu optimieren, mich schöner und attraktiver für die vermeintlichen Bedürfnisse von anderen zu machen? Wo fängt das Unreale an? Viele sind damit überfordert, manche verlassen komplett ihre Persönlichkeit.

Aber nicht nur die Vertriebswege haben sich verändert. Kaum eine Nachricht erwarten Models und Agenten einmal im Jahr so sehnlich, wie die, welche Models für die nächste Show von Victoria's Secret gebucht sind. Für Victoria's Secret zu laufen ist für viele Models weltweit ein Traum, weil es bedeutet, mit Flügeln auf dem Rücken wie ein Engel über den Runway zu schweben. Vor allem aber verspricht der Job richtig viel Fame. Fame, der Türen öffnet, lukrative Jobs nach sich zieht und häufig den Start einer großen Modelkarriere bedeutet. MGM hatte schon einige Models auf den Shows. Als im vergangenen Sommer die Namen für die neue Kampagne bekannt gegeben wurden, erhielt diese Nachricht Aufmerksamkeit weit über die Mode- und Modelbranche hinaus. Denn anstelle von langbeinigen, sexy Models wie bisher, hatte Victoria's

Secret das Curvy Model Tamara Elsässer, das Transgender Model Valentina Sampaio, die Fußballerin Megan Rapinoe, die Schauspielerin und Unternehmerin Pryanka Chopra Jonas und einige Aktivistinnen verpflichtet, die Dessousmarke zu repräsentieren.

Ähnlich viel Aufsehen gab es ein paar Wochen später, als die legendäre Swimsuit Edition von *Sports Illustrated*, ebenfalls eine Startrampe für etliche große Modelkarrieren, mit drei verschiedenen Covern erschien. Eines zeigte das Transgender Model Leyna Bloom, eines die Tennisspielerin Naomi Osaka, eines die Rapperin Megan Thee Stallion. Auch das war eine Premiere. Unternehmen tun heute viel dafür, sich so nahbar und menschlich zu geben, so viele Identitäten wie möglich abzudecken und niemanden auszuschließen. Einerseits.

Andererseits treiben sie enormen Aufwand, um mit digitaler Technologie Models überflüssig zu machen. Bislang noch ohne großen Erfolg. Es kommen keine Emotionen rüber, keine Fröhlichkeit, es fehlt an Authentizität. Das funktioniert nicht. Noch nicht.

Was diese Veränderungen für das Modelbusiness bedeuten, für Models und alle, die davon träumen, Teil dieser Welt zu werden, will ich in diesem Buch aufzeigen. Manche Entwicklungen finde ich gut, manche nicht, bei einigen habe ich Zweifel, dass sie sich langfristig durchsetzen. Sicher ist nur: Wenn man als Model, Influencer oder wie ich hinter den Kulissen als Agent erfolgreich sein möchte, muss man sehr wach sein und darf sich dem Neuen nicht verschließen.

So rasend schnell die Umstände sich ändern, unter denen Models, Fotografen und Agenten arbeiten, so hartnäckig halten sich etliche Vorstellungen, was es bedeutet, als Model zu arbeiten. Das gilt für junge Mädchen genauso wie für ihre Eltern, für noch Ältere erst recht.

Das beginnt schon damit, wer als Model bezeichnet wird oder sich selbst Model nennt. In den Medien werden häufig Leute gehypt, die nie Model waren, als Model kaum Geld verdient haben oder als Model überhaupt nichts können. Der Begriff wird häufig gebraucht für alle, die hübsch aussehen und mit wie auch immer zustande gekommener Prominenz ein bisschen Geld verdienen. Ganz gleich, ob es sich um einen angehenden Moderator, ein lokales Partygirl oder eine Social-Media-Celebrity handelt. Auch wer nichts ist und nur wenig kann, gilt in Boulevard-und Trashmedien als »Model«. Vieles, was über Models, ihre Arbeit oder ihre Gagen geschrieben wird, viele Annahmen über die Modelbranche sind falsch und veraltet.

Was sich in manchem Kopf über das Leben von Models festgesetzt hat, stammt aus der Zeit, als Kate Moss zum Star wurde. Und wurde seither nie wieder korrigiert. Wer heute Mitte fünfzig ist, wuchs auf in der Ära der Supermodels Naomi Campbell, Claudia Schiffer, Tatjana Patitz, Linda Evangelista und Cindy Crawford. Einer Zeit, in der Fotografen wie Peter Lindbergh, Mario Testino, Bruce Weber oder Terry Richardson so berühmt wie Rockstars waren und Bilder schufen, die eine ganze Generation geprägt haben. Aber das ist lange her. Und lange vorbei. Heute gelten Kate Upton, Chrissy Teigen – beide haben bei MGM ihre Karriere begonnen –, Kylie Jenner, Gigi Hadid, oder Kaya Gerber als die größten Namen im globalen Modelbusiness. Gerber ist die Tochter von Cindy Crawford und inzwischen auch schon seit fünf Jahren im Geschäft. Im Modelbusiness eine halbe Ewigkeit.

Zugleich ist das Interesse am Modelling ebenso ungebrochen wie der Wunsch, Model zu werden. Ich halte es deshalb für wichtig zu erzählen, wie das Geschäft heute tatsächlich funktioniert, was wirklich zählt, und worauf es ankommt, wenn man als Model erfolgreich sein will. Auf die Gefahr hin, dass manche Traumbilder vom Modelleben an Glanz einbüßen und die Sehnsucht vieler junger Frauen, Model zu werden, an Anziehungskraft verliert. Ich denke, der Modelbranche tut es zum jetzigen Zeitpunkt ganz gut, sie ein wenig zu entzaubern und den Blick auf die ungeschönte Realität freizugeben.

Dass viele junge Mädchen völlig falsche Vorstellungen davon haben, was es bedeutet, als Model zu arbeiten, dazu hat *Germany's Next Topmodel* entscheidend beigetragen. Natürlich ist das Modelbusiness exzellenter Stoff für eine Fernsehshow. Es ist aufregend, es gibt viel zu lachen, jeden Tag geschehen die verrücktesten Dinge. In Agenturen, am Set, beim Shooting, mit den Models, mit den Bewerbern, mit den Kunden. Da gibt es viel zu erzählen.

Die Challenges aber, zu denen die Kandidatinnen in Heidi Klums TV-Show gegeneinander antreten, haben mit dem Alltag von Models kaum etwas gemein. Bei *Germany's Next Topmodel* geht es allein um die Belustigung der Zuschauer und gute Quoten. Mit ausgesprochen fragwürdigen Methoden: Ein paar hübsche Mädchen werden gegeneinander aufgehetzt, gedemütigt und Hauptdarstellerinnen einer verbalen Schlammschlacht.

Welch dramatische Folgen es für junge Frauen hat, wenn sie entdecken, dass das, was sie in der Show erlebt haben, gar nichts mit der Realität von Models gemein hat, habe ich inzwischen oft genug erlebt. Wenn sie feststellen, dass sie so talentiert gar nicht sind, die Aufträge ausbleiben und ihr Ruhm ganz andere Ursachen hat als Heidi Klum und ihre Juroren es suggerieren. Da geht viel Selbstbewusstsein kaputt.

Bei MGM bewerben sich viele Mädchen, nachdem sie eine Staffel der Klum-Show gesehen und daraus den trügerischen Schluss gezogen haben, auch sie könnten Model werden, unabhängig von Aussehen, Talent und Voraussetzungen, im Glauben, irgendeine Nische würde sich schon finden. Regelmäßig muss ich jungen Frauen diese Illusion nehmen und sie enttäuschen.

In einem Interview habe ich einmal gesagt, es bewerben sich zu viele Leute als Model. Genau genommen heißt das: Es bewerben sich zu oft die Falschen. Dieses Buch soll dazu beitragen, das zu ändern. Und manches Mädchen, manchen Jungen in die Lage versetzen, seine Aussichten auf ein Leben als Model besser und realistischer einzuschätzen. Und helfen, manche schmerzhafte Erfahrung und Enttäuschung zu vermeiden. Und bereits vor der Bewerbung bei einer Agentur Antworten zu finden auf Fragen wie: Gehöre ich wirklich vor die Kamera? Habe ich das nötige Selbstbewusstsein? Das Talent, etwas darzustellen, ohne mich dabei zu verlieren? Bin ich das wirklich?

Noch ein Grund, dieses Buch zu schreiben: Ich bin inzwischen selbst Vater von vier Kindern. Das hat meine Haltung und meinen Blick auf vieles in dieser Branche verändert. Genauso wie für meine Kinder als Vater trage ich als Modelagent Verantwortung für meine Models. Und bis zu einem gewissen Grad auch für diejenigen, die davon träumen, Teil dieser Welt zu werden. Weil ich die Mechanismen kenne, weiß, wie Erfolge entstehen und wo Gefahren lauern, was zählt, und was weniger. Davon will ich hier erzählen.

GROSSE NAMEN, GROSSE EGOS, IMMER ACTION

Von Hamburg über Mailand nach New York und zurück: mein Weg ins Modelbusiness

Meine Eltern hatten andere Pläne mit mir. Jura sollte ich studieren wie mein Vater, zumindest aber eine Naturwissenschaft. Ein Studium mit kulturellem Hintergrund hätten sie auch noch akzeptiert. So abwegig fand ich das auch gar nicht. Aber es kam anders.

Kurz nach dem Abitur hatte ich im Hamburger Nachtleben meine damalige Freundin kennengelernt, ein Model. Ich war 19 und erinnere mich genau daran, wie ich sie das erste Mal in ihre Agentur begleitete. Es war der Moment, als mein Leben eine entscheidende Wende nahm. Das Office durchdesignt mit schicken Möbeln, an den Wänden große Uhren, die zeigten, wie spät es in New York, Tokio, Los Angeles, Paris und Sydney gerade war. Models, die wie auf einer Theaterbühne auf- und wieder abtraten. Alle Leute cool, lässig und extrem modisch angezogen. Diese Ballung an Schönheit und Style erschien mir surreal und vermittelte zugleich ein Gefühl von weiter Welt. Alles, worauf meine Eltern mich in den Jahren zuvor vorbereitet hatten, verblasste in wenigen Augenblicken. Ich fragte nach einem Praktikum und bekam gleich eine Zusage. Von da an verbrachte ich ein Jahr lang meine Tage im Kopierraum, wo ich Modelmappen für die Booker kopierte. Nicht gerade eine Herausforderung, aber so arbeitete man Mitte der 90er Jahre eben. Was damals wirklich zählte, geschah nachts. Ich war auf jeder Party, jeder Gala, jedem Opening. Ich stand auf allen Gästelisten und hatte Zutritt zu jedem VIP-Bereich, allein, weil ich in dieser Agentur arbeitete und immer mit Models unterwegs war. Auch meine Freunde profitierten, denn sie wussten: Marco ist der Partymaker, er kommt überall rein und wir müssen nie zahlen, Essen und Drinks waren for free. Ein Riesengoodie damals, ein grandioses Leben. Und so entschied ich mich für eine Ausbildung und lernte bei der zu dieser Zeit größten Agentur in Deutschland das Booking von der Pike auf: Gagen verhandeln, mit Bildmaterial umgehen, Kunden überzeugen.

Für meine Eltern konnte es schlimmer kaum kommen. Nicht, weil ich meinen eigenen Weg einschlug, sondern weil sie keine

Vorstellung davon hatten, was das für ein Job sein sollte. Was wird man, fragten sie, wenn man nachts dauernd feiern geht? Kann man damit noch Geld verdienen, wenn man über dreißig ist?

Am Anfang habe ich diesen Job stupide runtergerockt. Bisschen telefonieren, bisschen hin und her. Und abends auf die Piste. Ich war dabei, das genügte mir erstmal. Bis ich mich irgendwann fragte, was diesen Job eigentlich ausmacht. Ich merkte, dass ich mich mit der Materie noch nicht richtig befasst hatte. Du musst dein Produkt aber durchdrungen haben, ehe du mit einem Kunden sprichst. Und dann begann ich, mein Auge zu schulen, Bildsprache und Fotografie zu verstehen. Tag für Tag studierte ich Fotos und beschäftigte mich mit den Models und ihren Looks. Das muss man lernen wie ein Handwerk, es dauert Jahre, bis das sitzt. Heute sehe ich Dinge, die andere nicht sehen. Ob jemand fotogen ist. Wie ein Gesicht geschnitten ist. Wie jemand wirkt. Das ist kein Job, den man machen kann, weil man gut in Organisation ist. Man muss das Visuelle verstehen. Diese Einsicht war enorm wichtig für meine Entwicklung und ist ein Grund, warum ich heute erfolgreich bin.

In dieser Agentur bekam ich auch einen Vorgeschmack auf die Schattenseiten der Branche. Meine Chefin mochte mich, und ich schätzte sie. Doch wer ihr erstmals begegnete, wäre nicht auf die Idee gekommen, dass sie Geschäftsführerin der größten Modelagentur Deutschlands ist. Was, dachte ich oft, hat das Geschäft aus ihr gemacht? Wie kann es sein, dass in einer Umgebung, in der sich alles so sehr um das Äußere dreht, alles toll und lässig ist, ausgerechnet die Chefin so wenig davon abbekommt? Sie lebte allein mit ihrem Hund, eine tragische Figur. Ich erinnere mich an eine Party bei ihr zuhause. Eigentlich war der Plan, dort nur kurz vorbeizuschauen, um dann mit den Models weiterzuziehen. Vor dem Haus wartete bereits ein Limousinenservice. Kurz bevor wir aufbrechen wollten, fiel sie mehrmals um, weil sie zu viel getrunken hatte. Mit einem Kollegen trug ich sie ins Schlafzimmer, und wir brachten sie zu Bett. Als sie zu sich kam, bat sie mich, mit dem Hund rauszugehen. Und ihr noch eine Flasche Wein ans Bett zu bringen. Diesen Moment habe ich nie vergessen. Ich stand am Anfang, sie war am Ende. Er ist mir bis heute eine Warnung, sich von diesem Geschäft nicht verschlingen zu lassen.

Zwei Jahre habe ich dort als Booker gearbeitet, dann zog es mich ins Ausland. Zunächst ging ich nach Mailand, das lag nahe, mein Vater ist Italiener. Ich arbeitete für *Elite* und nicht nur die Agentur war größer, sondern vor allem auch die Partys waren besser und glamouröser, als alles, was ich bis dahin gesehen hatte. Es schien keine Grenzen zu geben und es war irre viele Geld in Umlauf. Luxus in einer Größenordnung, wie ich ihn aus Hamburg bis dahin nicht kannte. Lamborghinis, Ferraris, 40-Meter-Yachten. Wir flogen im Privatjet eines Kunden zu einer Party nach Monaco. Feierten mit Giorgio Armani und Roberto Cavalli auf Luxusyachten und waren mit allen auf Du und Du.

Ich erinnere mich an eine Party in Mailand, in einer privaten Villa. Der Gastgeber, ziemlich korpulent, begrüßte seine Gäste im Bademantel. Die Models, die ich aus der Agentur kannte, feierten schon alle im Bikini am Pool. Irgendwann eskalierte die Party. Der DJ drehte auf, das Koks lag auf den Tischen, alle waren völlig betrunken und landeten irgendwann nackt im Wasser. Am nächsten Tag ging es weiter nach Portofino, dort wurde weiter gefeiert. Ich hatte damals das Gefühl: Uns gehört die Welt. Alles war einfach, alles war easy, alle hatten eine gute Zeit. Es wurde viel gelacht, die Sonne hörte nie auf zu scheinen. Wer wollte, hatte jeden Tag eine neue Freundin. Ich war Anfang zwanzig und erlebte Dinge, die ich mir ein paar Jahre vorher noch nicht einmal hatte vorstellen können. Es war absurd, es war lustig, es war aufregend.

Ein halbes Jahr verbrachte ich in Paris, schließlich ging ich nach New York, in die Zentrale der größten Agentur der Welt. Die Atmosphäre dort war noch energiegeladener als in Mailand und

Paris. Der Ton war rau und sexistisch ohne Ende. Immer Action, große Namen, große Entourage. Wir betreuten Models wie Eva Herzigova, Cindy Crawford und Helena Christensen, es war eine spektakuläre Zeit, in der Models und Agenturen richtig viel Geld verdienten.

In dieser Zeit habe ich sehr viel gelernt. Von Designern wie Domenico Dolce und Stefano Gabbana etwa. Mit ihrem Blick auf Menschen und Models haben sie mich stark geprägt. Auch Karl Lagerfeld war hilfreich. Aber auch von den Models habe ich gelernt, genauso aus den Fehlern, die ich gemacht habe. Und sehr viel auch von Kollegen. In Agenturen arbeitet man in Teams, da gibt es viele Gelegenheiten, sich Dinge abzuschauen und zu adaptieren.

Mailand, Paris und New York waren Weltstädte, nicht nur was Kunst und Kultur angeht, vor allem die Mode hatte dort einen ganz anderen Stellenwert als in Deutschland. Am stärksten beeindruckt haben mich damals die spektakulär inszenierten Fashion Shows. Wochenlang haben wir darauf hingearbeitet. Anfangs habe ich nicht verstanden, warum so viel Akribie darauf verwendet, weshalb auf jede Nuance so viel Wert gelegt wurde. Jeden Tag wurde alles über den Haufen geworfen, jeden Tag gab es neue Ideen, neue Konzepte und Vorschläge, welches Model sich für welchen Teil der Show am besten eignete. Das war unglaublich anstrengend zu organisieren. Doch wenn man nach wochenlanger Vorbereitung das Ergebnis sah, wurde klar, weshalb so ein immenser Aufwand betrieben wurde. Die Shows waren Kunstwerke, die nur ein einziges Mal aufgeführt wurden, vor einem ausgewählten, ebenso begeisterungsfähigen wie kritischem Publikum, dem kein Detail entging und von dessen Urteil so viel abhing. Insbesondere für die Designer. Diese Stimmung backstage, kurz bevor es losgeht. Unglaublich. Die Models, die Designer, die Stylisten, die Regisseure der Shows, all die Kreativen, alle unter Hochspannung, auf engstem Raum inmitten der neuesten, oft fantastischen Kollektionen, alle in der Hoffnung, einige Augenblicke später beklatscht, bejubelt oder entdeckt zu werden. Davon ging ein ungeheurer Glamour aus, es war wahnsinnig sexy und inspirierend.

Und dann der Hype um die Models, die auf diesen Shows gelaufen sind! Entdeckten Kreativdirektoren, Chefredakteure oder Art Direktoren ein New Face, kamen am Montag die Anfragen rein und das Model ging durch die Decke. Diese enorme Schnelligkeit des Geschäfts hatte mich schon in Hamburg elektrisiert. In New York war das Tempo noch höher, es fühlte sich an wie mit Aktien zu handeln. Gerade konzentrierte man sich noch darauf, ein junges Model aufzubauen, und ehe man sich versah, war es weltweit gefragt, auf Magazincovern oder auf den Billboards der Metropolen zu sehen. Gerade noch war es froh, 5oo Dollar am Tag zu verdienen, zahlten Kunden wenig später Tagesgagen von 20 000 Dollar. Karrieren erfuhren manchmal eine irre Beschleunigung. Verhandlungen waren viel dreister als heute, radikal wurden Gagen nach oben getrieben. Es fühlte sich an wie ein großes Spiel, ein ständiger Wettstreit, rund um die Uhr. Ich gewöhnte mich daran, Gagen zu verhandeln, die im sechsstelligen Bereich lagen. War dabei, als die ganz großen Kampagnen globaler Marken entstanden. Teil dieses Business zu sein, gab mir ein unglaubliches Gefühl der Selbstbestätigung. Weil das bedeutete, die richtigen Entscheidungen getroffen zu haben. Der Erfolg eines Models galt damals als Erfolg der Agentur und des Agenten. Was auch erklärt, warum es damals so viele große Egos gab. Heute sehe ich das anders. Vor allem wurde mir damals klar, dass das Modelbusiness nicht nur eine große Faszination auf mich ausübt, sondern mir auch liegt.

Irgendwann spürte ich, dass es Zeit war, zurückzukehren. Selbst mit Mitte zwanzig schien mir das New Yorker Agenturleben auf Dauer zu anstrengend. Als eine deutsche Agentur mir ein Angebot als *Head Booker* machte, das mit ziemlich viel Geld verbunden war, kam ich zurück nach Deutschland. Der Kulturschock war enorm. Die Agentur in Düsseldorf hatte keinen Style, keinen Anspruch und kein Auge für Trends. Als Erstes bekam ich eine Einweisung, welches Formular wofür verwendet wird und wie man Taxibelege korrekt abrechnet. Es schien mir alles wahnsinnig provinziell.

In Mailand waren selbst die Buchhalter coole Figuren mit Kippe im Mund. Ständig ging was schief, vieles wurde nicht so genau genommen. Aber es funktionierte. »Marco, wie viele Buchungen hast du heute gemacht. Noch keine? Komm, geh Geld verdienen! Venga, venga!«

Deutschland empfand ich damals vor allem als verschlafen und unsexy. Auf Partys traf man Bauunternehmer, Großbäcker, Düsseldorfer Gesellschaft, Münchner Schickeria oder den Niedersachsenclan um Carsten Maschmeyer. Cool war nichts davon. Genauso wenig die deutsche Modeszene. Michalsky, Philippe Plein, Escada, Strenesse, aber nicht eine Marke, bei der man seine guten Models hätte platzieren können, oder ein Brand, mit der man als Agentur hätte wachsen können oder wollen.

Wenn das auch im Nachhinein noch arrogant klingt: stimmt. Ich war in dieser Zeit alles andere als gelassen, habe oft unfair und ungnädig über andere Menschen geurteilt, habe nicht mit Kritik gespart und ein ausgeprägtes Maß an Arroganz entwickelt. Ich glaube, das ist nicht ganz zu vermeiden, wenn man früh Erfolge feiert und der Job darin besteht, andere Menschen zu beurteilen. Dafür braucht es eine gewisse Reife, zumal, wenn man permanent von Schönheit umgeben ist. Im Laufe der Zeit habe ich das dann in den Griff bekommen.

Dazu beigetragen haben viele Reisen, nachdem ich begonnen hatte, selbst zu scouten. 180 Tage im Jahre war ich unterwegs, überall in der Welt. In Australien, Südafrika, Kanada, Skandinavien, Südamerika. Am spannendsten waren die Castings in Ländern, die niemand auf der Rechnung hatte. Bulgarien etwa oder Venezuela.

Ich bin damals nicht nur vielen neuen Menschen und Kulturen begegnet, sondern habe vor allem gelernt, Unterschiede wahrzunehmen und ein Gespür für Nuancen zu entwickeln. Wie unterscheidet man auf Castings mit 300, 400 Leuten, Mädchen, von denen jede zweite Ivanka oder Olga heißt? Wie erkennt man die Gewinner? Welche Merkmale zählen? Warum reagiert man auf bestimmte Typen stärker als auf andere? Was ist ein professioneller Reflex, was persönliche Vorliebe? Wie geht man damit um?

Von Düsseldorf ging ich nach Hamburg und übernahm dort die Filiale. Aber auch dort stellte ich schnell fest, dass die Art und Weise, wie dort gearbeitet wurde, vollkommen veraltet war. Das reizte mich nicht mehr. Ich hatte Lust, an die Erfahrungen, die ich in Paris, Mailand und New York gemacht hatte, anzuknüpfen. Und etwas Neues aufzubauen. Und so mietete ich ein Zwei-Zimmer-Altbau-Büro an und machte mich von heute auf morgen selbstständig.

Meine Idee war es, eine kreative Agentur zu gründen mit dem Anspruch, international wahr- und ernstgenommen zu werden. Eine Agentur, die als hot und richtig guter Player empfunden wird. Mit Neckermann, Quelle und Otto Geschäfte zu machen, das war okay, mir aber zu wenig. Ich wollte auch mit den großen Super Brands zusammenarbeiten. Ich wollte selber Models aufbauen, ohne auf die Hilfe von anderen Agenturen angewiesen zu sein. Dafür hatte ich die Kontakte und inzwischen auch den Blick, zu erkennen: Das ist ein Model für den deutschen Markt. Und das ist jemand, die international erfolgreich sein kann.

Auch der Name der Agentur, MGM, sollte diesen Anspruch zum Ausdruck bringen. Er sollte nach Unternehmen klingen und nicht nach einer Klitsche im Hinterhof, in der Kleinkleinbusiness ohne jede Struktur betrieben wird. Davon gab es schon damals zu viele. Und ich wollte Geld verdienen, auch das war ein Antrieb, mich selbstständig zu machen und dabei nicht in allzu kleinen Maßstäben zu denken. Viel Geld.

MGM steht für *Models Global Management*. Eine Freundin von mir sagte damals, MGM könnte auch für *Marcos Great Movement* stehen. Ganz falsch lag sie damit nicht. MGM funktioniert im Französischen genauso wie im Englischen, in beiden Sprachräumen wird dieses Akronym als Ausdruck von Größe und Seriosität verstanden.

Inzwischen hat MGM sich zu einem Unternehmen entwickelt und ich betreibe es auch so. Und nicht als inhabergeführte Agentur. MGM ist heute eine international arbeitende Agentur, die über ein sehr gutes Netzwerk verfügt, mit großen Fashion Brands weltweit arbeitet und ein sehr hohes Niveau hat. MGM ist organisch gewachsen, auch, weil wir immer sauber, fair und ohne Eskapaden unseren Job gemacht haben und frei von Allüren und Skandalen sind. MGM folgt Trends, arbeitet aber auch sehr klassisch und wertorientiert. Viele unserer sechzig Mitarbeiter sind von Anfang an dabei. Das liegt auch an der Größe. Wir arbeiten hier auf drei Stockwerken, das sorgt für gute Vibes. Für eine Agentur mit unserem Anspruch ist das absolut entscheidend.

So viel zu mir. Ich erzähle das nur, damit Leser und Leserinnen meine Erfahrung einschätzen, sich ein Bild über meine Expertise machen können, wissen, welche Rolle ich im Modelgeschäft spiele, und der Weg sichtbar wird, den ich in den vergangenen 25 Jahren gegangen bin. Die Nächte, die ich mir um die Ohren gehauen habe, und all die Partys waren auch ein Investment. Die Kontakte, die ich mir in dieser Zeit aufgebaut habe, helfen mir noch heute. Aber ich bin ruhiger geworden. Champagner aus einem Springbrunnen zu trinken, das ist eine schöne, bizarre Erinnerung. Aber ich brauche das nicht mehr. Ich habe in meinem Leben so viel gefeiert, dass ich mich heute ganz auf meinen Job und meine Familie konzentrieren kann. Eines noch. Meine alte Chefin sagte mal zu mir: »Marco, du wirst erfolgreich sein, weil du eine gesunde Distanz zu der ganzen Materie hast.« Viele meiner Kollegen leben und zelebrieren das Modellbusiness rund um die Uhr. Das führt gelegentlich dazu, dass sie sich selbst für eine Celebrity halten. Ich nenne sie immer Modelmenschen. Mir dagegen war von Anfang an klar, dass ich für andere Menschen arbeite. Ich stehe nicht vor der Kamera, sondern dahinter. Das ist meine Rolle und nur die interessiert mich. Und so viel mir mein Geschäft auch bedeutet, privat habe ich immer eine andere Kultur gelebt. Meine Freunde arbeiten alle in anderen Branchen. Ich halte das für einen großen Vorteil, auch, weil es Distanz schafft. Vor allem aber, weil es den Blick schärft für Auswüchse, Übertreibungen sowie falsche Entwicklungen, und die größeren Zusammenhänge so nicht aus dem Blick geraten.

WARUM NICHT ICH?

Keine Frage der Schönheit:
der Weg zum ersten Modeljob

Mode erfindet sich ständig neu. Weder das Vertraute zählt noch das Bewährte noch das Bekannte; auch nicht der große Name oder Prominenz, sondern allein das Neue. Vor allem die globalen Fashion Brands legen großen Wert darauf, jede neue Kollektion mit neuen Gesichtern zu verkaufen. Für eine Modelagentur bedeutet das, ständig nach neuen Talenten zu suchen, sie zu entdecken und aufzubauen.

Für einen Agenten bedeutet das, ständig in Bewegung zu sein, Trends aufzuspüren und alles aufzunehmen, was neu ist, was die Zeit prägt und verändert, egal, ob Looks, Moden, Musik oder Design, und darauf zu reagieren. Nur so lässt sich herausfinden, welche Typen übermorgen gefragt sein werden. Wie gut eine Agentur darin ist, daran bemisst sich die Qualität ihrer Arbeit und ihr Wert. Wenn ich mir eine Agentur näher ansehe, sehe ich mir als Erstes ihr *New Face Board* an. Daran lässt sich erkennen, ob eine Agentur Zukunftspotenzial besitzt, ein gutes Auge und gute Quellen hat.

Aber wie findet eine Agentur neue Gesichter?

Bewerbungen

Früher war es häufig so, dass Mädchen zu schüchtern waren, um sich als Model zu bewerben. Früher heißt, ich habe es selbst erlebt, so lange ist es also noch nicht her. Man musste sie ansprechen, auffordern und überzeugen, es mal zu versuchen. Und selbst dann reagierte manche mit einem ungläubigen: »Meint der wirklich mich?« Heute ist es eher umgekehrt. Viel zu viele Mädchen und junge Frauen glauben, sie könnten Model werden. Unabhängig davon, ob sie die Voraussetzungen mitbringen oder nicht.

Zwischen 500 und 700 Leute bewerben sich im Monat bei MGM, also mehrere Tausend im Jahr. Siebzig Prozent Mädchen, dreißig Prozent Jungen. Tendenz steigend. Nicht mehr als eine

Handvoll finden auf diesem Weg einen Platz in unserer Agentur. Fünf bis zehn pro Jahr, mehr nicht. Alle anderen erhalten eine Absage.

Darunter sind sehr viele, die ganz offensichtlich die Voraussetzungen nicht erfüllen. Dass Models groß sein müssen, ist kein Geheimnis. Die meisten Agenturen nennen die körperlichen Anforderungen zentimetergenau auf ihrer Homepage. Wenn man zu klein ist, ist man zu klein. Eigentlich ganz einfach. Weshalb so viele sich trotzdem Hoffnungen machen?

Bei manchen hat es mit fehlender oder falscher Selbsteinschätzung zu tun, sie wissen einfach noch nicht, wer sie sind, was sie ausmacht und wo ihre Stärken liegen. Sicherlich spielt auch eine Rolle, dass es im Freundeskreis als cool gilt, Kontakt mit einer Agentur aufzunehmen. Und wenn es die eine oder der andere sogar zu einem Vorstellunggespräch schafft, ist für manche das Ziel schon erreicht. Sie haben ein Modelagentur von innen gesehen und etwas zu erzählen. Der Vorstellungstermin als Beglaubigung, als Urteil über Schönheit, Sexyness und Aufmerksamkeit. Eine Fehleinschätzung.

Es gibt auch solche, die sich aus Bequemlichkeit bewerben. Weil sie zu träge und zu faul sind, eine Ausbildung zu machen und im Modelling den scheinbar bequemsten Weg sehen, Geld zu verdienen.

Einige kommen auch in der Annahme, Diversity bedeute, dass gar keine Voraussetzungen mehr existieren, um als Model zu arbeiten. Die Behauptung, dass jeder Mensch schön sei, verstehen sie als Aufforderung. Klappt's nicht als Model, dann vielleicht als Influencer. Bin ich zu dick, werde ich *Curvy Model*, bin ich zu klein, versuche ich es als *Beauty Model*, bin ich zu alt, probiere ich es als *Best Ager*. Ein großes, manchmal tragisches Missverständnis, ich komme ausführlich darauf zurück.

Vor allem aber hat es damit zu tun, dass die meisten Bewerber zwischen 14 und 22 Jahre alt sind, in einem Alter also, in dem ihre

Körper sich verändern, sie mit der Entdeckung ihrer Sexualität beschäftigt sind, beginnen, auf ihr Aussehen zu achten, Erfahrungen sammeln, Rollen ausprobieren und herausfinden, wer sie sind. Dazu kommen die Möglichkeiten und der enorme Einfluss von Smartphones und Social Media. Sich selbst oder gegenseitig zu fotografieren, zu inszenieren, Posen auszuprobieren, mit Filtern zu spielen, Fotos ohne großen Aufwand zu bearbeiten, zu retuschieren und die Wirkung der Bilder auf Instagram oder Tiktok zu testen, ermutigt viele, es einfach mal mit einer Bewerbung zu probieren. Die einen, weil sie sich so die Arbeit eines Models vorstellen, andere, weil sie die Erfahrung machen, dass es mit Hilfe von Bildbearbeitung gar nicht so schwer ist, Bilder von sich selbst zu entwerfen, die denen echter Models nicht unähnlich sind. Beides ist ein Trugschluss.

Einmal stellte sich ein Mädchen vor, das seine Fotos gnadenlos retuschiert hatte. Als sie reinkam, maß sie in der Breite fast das Doppelte als auf den Bildern. »Warum«, fragte ich sie, »machst du das? Das bist du nicht auf den Fotos.« Sie begann nach Erklärungen zu suchen, ich unterbrach sie: »Also, pass mal auf. Bevor du jeden Abend stundenlang mit der Chipstüte in der Hand vor deinem Computer sitzt und alles wegretuschierst: Geh doch einfach mal ins Fitnessstudio. Du siehst doch gut aus!« Das mag hart klingen, aber in diesem Punkt darf man sich nichts vormachen: Unsere Kinder sind zu dick, genauso wie in den USA und Kanada. Dazu später mehr.

Bei den meisten Agenturen heißt es, man solle zu einem Vorstellungstermin lediglich mit einem leichten Tages-Make-up erscheinen, unter keinen Umständen aber überschminkt, die natürlichen Züge sollen erkennbar bleiben. Ich gehe zudem davon aus, dass jede und jeder sich für diesen Termin so hübsch macht, wie sie oder er nur kann, und sich von seiner besten Seite zeigt. Leider ist das nicht selbstverständlich. Im Vergleich zu früher empfinde ich vor allem die Mädchen als wesentlich ungepflegter. Schlechte Haut, schlecht gestylt, Spitzen nicht geschnitten, Fingernägel nicht gepflegt. Mich irritiert das, immer wieder. Ich habe zu meinen ersten Vorstellungsgesprächen ein weißes gestärktes Hemd und eine Krawatte getragen.

Ich achte sehr auf gepflegte Hände. Viele unterschätzen, wie viel sie über einen verraten. Bei älteren Menschen lässt sich an den Gebrauchsspuren der Hände oft ablesen, was für eine Art von Leben sie geführt haben. Bei jungen Menschen geht es vor allem darum, ob sie sich um ihre Hände kümmern. Wie kommt jemand auf die Idee, mit angeknabberten Fingernägeln zu einem Vorstellungstermin zu erscheinen? Bei einer Modelagentur! Oder mit diesen Gelnägeln. Oder mit Nagellack in Neonfarben. Wenn ich dagegen ein Mädchen sehe, das *Rouge Noir* von Chanel trägt, ist das ein Hinweis, dass sie über Gespür für Stil und Eleganz verfügt. Viele junge Frauen machen sich offenbar überhaupt keine Gedanken darüber, wie sie jemandem beim ersten Mal begegnen. Dass Kleidung, Haar, Auftreten, jedes Detail eine Aussage macht. Kleidung ist nie Zufall. Manche denken, alles geht, vermutlich, weil sie gelernt haben, dass jeder Makel sich mit entsprechender Software retuschieren oder entfernen ließe. Aber so ist es eben nicht.

Gelegentlich habe ich überlegt, ob wir die Möglichkeit der Bewerbung nicht mehr anbieten sollten. Das würde viel Arbeit ersparen, aber das geht natürlich nicht. Man kann nicht einfach sagen: Es darf sich nicht beworben werden. Um den Arbeitsaufwand zu reduzieren, habe ich inzwischen eine Absage-Software programmieren lassen. Öffnet man das Programm, kann man einfach »No« drücken. Die Kandidatin bekommt dann eine nett formulierte Absage.

Künftig werden wir den Bewerbungsprozess so regeln, dass Bewerber auf unserer Homepage ihre Daten eingeben müssen. Liegt man über einem gewissen Alter, erscheint ein rotes Signal und eine

Bewerbung ist nicht möglich. Vermutlich werden sich dann viele als jünger ausgeben, als sie tatsächlich sind. Dass man beim ersten Kontakt nicht immer die ganze Wahrheit erfährt, haben wir natürlich auch bisher schon erlebt. Etwa, wenn eine Kandidatin Fotos schickt, die Interesse wecken, aber so stark bearbeitet sind, dass einem, sobald sie einem gegenübersitzt, nur die Frage bleibt: Wer ist das auf dem Foto?

Neben denen, die uns ihre Fotos und Portfolios schicken, gibt es auch diejenigen, die einfach in der Agentur vorbeikommen. Jeden Tag sind das rund zehn Mädchen und Jungen. In unserem Foyer wird dann ein Foto gemacht, das geht nach oben in die zweite Etage, ein Mitarbeiter sieht es sich an und meistens heißt es dann: Leider nein. Kurz darauf bekommen sie ihre Absage persönlich. So groß der Aufwand auch ist, so viel Mühe es auch macht, ich finde es wichtig, dass man sich jeden einzelnen ansieht und freundlich ist, auch wenn man schnell weiß, dass es nicht passt.

Wenn ich Bewerbern persönlich absage, bin ich mittlerweile sehr vorsichtig mit meinen Worten. Entscheidend dazu beigetragen hat eine Erfahrung, die ich nicht noch einmal machen möchte. Vor einigen Jahren stellte sich ein Mädchen aus Bonn vor. Sie war 18, und ich sagte ihr ab mit der Begründung, dass sie zu klein sei, um als Model zu arbeiten, nicht ahnend, was ich damit auslöste. Monate später kam sie wieder, diesmal zusammen mit ihrer Mutter. »Sie glauben nicht, was für eine Odyssee wir hinter uns haben!«, begann sie das Gespräch, sichtlich stolz darauf, dass das Problem, das zur Absage geführt hatte, nun nicht mehr existierte. Ihre Tochter sei jetzt fünf Zentimeter größer. Sie sei dafür nach Asien gereist, habe sich die Beine brechen lassen und sich einer Operation unterzogen. Es gibt ein Verfahren, das ursprünglich aus der Unfallchirurgie stammt. Dabei wird der Knochen durchtrennt, ein implantierter Nagel hält die beiden Knochenhälften zusammen und wird kontinuierlich auseinandergezogen, Millimeter um Millimeter. Jetzt stünde der Modelkarriere ihrer Tochter ja nichts mehr im Weg, sagte sie.

Als ich damals mit dem Hinweis auf ihre Körpergröße abgesagt hatte, war nicht abzusehen, welche Konsequenzen dieser Satz haben würde. Ich hatte das Argument der Größe verwendet, weil ich annahm, es wäre für sie am wenigsten schmerzhaft, tatsächlich hatte auch anderes nicht gepasst. Dass das Mädchen solche Torturen auf sich genommen hatte, tat mir furchtbar leid. Ich schenkte ihr ein Shooting und sagte ihr: Vielleicht kannst du damit zu einer Casting-Agentur gehen. Später traf ich sie noch einmal. Sie hatte sich komplett operieren lassen, weil sie mit sich und ihrem Körper unzufrieden war. Natürlich fragt man sich, was treibt Eltern dazu, die solchen Irrsinn gutheißen und finanzieren? Die Mutter erzählte mir später, es sei der Traum ihrer Tochter gewesen, als Model zu arbeiten. Ihn zu ermöglichen, dafür wollte sie alles tun.

Seither bin ich bei Absagen so vorsichtig wie nur irgend möglich. Bewerberinnen, die zu dick sind, sage ich kaum noch, dass sie zu viel wiegen. Dass der Satz »Du bist zu dick« genauso zu Überreaktionen führen kann wie »Du bist zu klein« haben wir natürlich auch schon erlebt. Etwa, wenn Wochen nach dem ersten Vorstellungstermin ein nahezu magersüchtiges Mädchen vor einem steht.

Eine Absage so zu vermitteln, dass sie unmissverständlich ist, Gründe benennt, andererseits nicht zu Verletzungen und Überreaktionen führt, das ist ein Seiltanz. Wer sich mit großen Hoffnungen bewirbt, erwartet von einem Agenturchef eine realistische Einschätzung. Umgekehrt erwartet eine Agentur, dass jeder Bewerber sich und seine Motive ausreichend reflektiert. Habe ich genug Selbstbewusstsein, um mich vor eine Kamera zu inszenieren? Habe ich wirklich Lust dazu oder kostet mich das vor allem Überwindung?

Wenn es nicht klappt, dann klappt es nicht. Nein bedeutet nein. Spätestens nach der zweiten Absage sollte das jeder begreifen. Und ein anderes Ziel anpeilen.

Scouting

Wesentlich ergiebiger ist die Arbeit unserer Scouts. Unsere Streetscouts sind ständig unterwegs, vor allem in Hamburg und in Berlin und schicken Tag für Tag Fotos auf mein Smartphone. »Wie findest du die?«, steht darunter. »Und die? Und die?« Ihre Erfolgsquote ist ziemlich gut.

Kleine Agenturen können es sich in der Regel nicht leisten, eigene Scouts zu beschäftigen. Dort geht jeder Mitarbeiter der Agentur selbst auf die Straße und hält die Augen offen. Als große, gut vernetzte Agentur haben wir den Vorteil, dass uns regelmäßig Leute neue Gesichter vorschlagen, mit denen wir zusammenarbeiten. Studios, Fotografen, auch Kunden.

In der Frage, ob wir jemanden zu einem Vorstellungsgespräch einladen, habe ich zwar das letzte Wort, aber mein Geschmack zählt nicht allein. Meistens sehe ich die Vorschläge unserer Scouts gemeinsam mit meinem Team an. Dabei sagt jeder seine Meinung und was ihm dazu einfällt. Es ist immer wieder erstaunlich, wie unterschiedlich die Wahrnehmung ein und desselben Bildes sein kann. Wenn 70 Prozent dafür sind, einen Kandidaten einzuladen und ich dagegen, lasse ich mich überzeugen. Allerdings kommt es auch vor, dass ich dem Rat meines Teams nicht folge und eine Entscheidung treffe, die nur ich für richtig halte.

Theoretisch wäre es am besten, an so vielen unterschiedlichen Orten wie möglich zu scouten. Aber das ist selbst für eine große Agentur wie MGM logistisch nicht zu stemmen. Von Hamburg aus mit einem Scout in München zusammen arbeiten ist schwierig. Weiß ich, ob der wirklich unterwegs ist? Sitzt er im Café oder macht ganz andere Dinge? In Hamburg habe ich das eher im Griff. Und was, wenn mir ein Kandidat auf einem Foto gefällt? Leute aus Hamburg oder Umgebung können schnell mal vorbeikommen. Aber einen halben Tag im Zug sitzen, übernachten, nur, um zu checken, ob jemand so aussieht wie auf dem Foto? Das ist zu aufwendig. Da ist es effizienter, gezielt auf ausgewählte Veranstaltungen, auf Konzerte, auf Festivals oder in bestimmte Einkaufsstraßen zu gehen und dort Ausschau zu halten.

Auf der Suche nach neuen Gesichtern checken wir auch Instagram. Aber das ist nicht sonderlich ergiebig. Vor allem deshalb, weil die Leute real fast immer anders aussehen als auf den Fotos, die sie posten. So überretuschiert, dass man sie kaum erkennt, wenn sie vor einem sitzen. Dass man jemanden auf Anhieb erkennt, wenn er vor einem sitzt, der auf Instagram gescoutet wurde, ist die Ausnahme.

Um Models zu finden, die wirklich bereit sind, hart zu arbeiten, muss man inzwischen weltweit suchen. Denn in Deutschland haben wir mittlerweile ein echtes Nachwuchsproblem. Vor kurzem haben wir eine Agentur in Belgrad gekauft, die sehr viel scoutet. In Brasilien ebenfalls. Deshalb stehen bei MGM inzwischen viele Südamerikanerinnen unter Vertrag.

Development

Finden wir eine Kandidatin interessant, machen wir zunächst Testshootings, um herauszufinden: Wie fühlt sich das an? Wie bewegt sie sich? Ist sie fotogen? Macht es ihr Spaß? Macht es uns Spaß, mit ihr zu arbeiten? Lohnt sich der Aufwand, sie aufzubauen? Bei diesen Shootings sehen wir auch, woran es eventuell mangelt. MGM ist die einzige Agentur in Deutschland, die ein eigenes Fotostudio hat. Das erlaubt uns, schnell zu arbeiten. Ein Model kommt rein, stellt sich vor, wird im Studio kurz geshootet, und sofort kann man sehen: Wo stehen wir? Auf der Stelle können wir unsere Kreativen dazuholen und über Looks nachdenken. Und am nächsten Tag weiterarbeiten, ohne erst mühsam ein Studio zu buchen oder etwas vorzubereiten.

Oft heißt es dann: Geh ins Fitnessstudio, mach ein bisschen Bauch, Beine, Po, dann verlierst du zwei Zentimeter an der Taille, dann kommst du wieder her. Am besten, das Mädchen löst das Problem selbst, weil es auf diese Weise lernt, diszipliniert zu leben. Wenn sie es nicht allein schafft, wir von ihrem Potenzial aber dennoch überzeugt sind, besorgen wir einen Trainer, der ein spezielles Programm ausarbeitet. Wir arbeiten mit etlichen Experten zusammen, mit Coaches, Hautärzten, Ernährungsberatern und Personal Trainern. Sie kosten alle viel Geld, wir buchen sie nur dazu, wenn es wirklich nötig ist.

Sobald wir entschieden haben, ein Mädchen oder einen Jungen aufzunehmen, beginnt eine entscheidende Phase, das *Development*. Wir sprechen davon, ein Model aufzubauen. Neben der Vermittlung von Jobs ist das die wichtigste Aufgabe einer Agentur. Jeder, der mit dem Gedanken spielt, als Model zu arbeiten, muss sich klar machen: Wenn man es ambitioniert angehen und Karriere machen will, muss man von Anfang an die Zeit nutzen, um professionell aufgebaut zu werden. Es ist wie eine Ausbildung in jedem anderen Job.

Ein Model aufzubauen, heißt, ein Talent als Model zu erfinden, seinen Stil zu formen, es menschlich und fotografisch weiterzuentwickeln. Bei einigen geht das ganz schnell. Und bei anderen müssen wir mehr Zeit investieren, weil sie noch tief in der Pubertät stecken. In der Regel dauert dieser Entwicklungsprozess ein bis zwei Jahre.

Mir ist wichtig, ein junges Model schrittweise an den Job heranzuführen. Und nicht gleich im ersten Meeting Forderungen aufzustellen, was es alles verändern muss. Darin unterscheiden wir uns von vielen anderen Agenturen. Ob es tatsächlich notwendig ist, die Haare zu schneiden, Gewicht zu reduzieren oder eine leichte Typveränderung vorzunehmen, das besprechen wir, sobald wir uns kennengelernt, die Erfahrung mehrerer Shootings hinter uns und uns ein Bild von jemandem gemacht haben.

Für das Model geht es während des Developments darum, sich selbst zu entdecken und an die eigenen Möglichkeiten heranzutasten. Herauszufinden, wie Looks und Posen sich vor einer Kamera anfühlen. Häufig auch die Schüchternheit zu überwinden. Vor allem aber Neues zu probieren, das Feedback des Developments aufzunehmen und sich von Foto zu Foto, von Shooting zu Shooting zu korrigieren. Und auf Ansagen zu reagieren wie:

»So siehst du gut aus!«
»Achte darauf, mehr aus dir rauszukommen.«
»Mach diese Pose bitte nicht!«
»Nimm ein bisschen ab.«
»Nimm ein bisschen zu.«
»Nimm dich etwas zurück.«
»Arbeite an deiner Haltung!«
»Arbeite an deiner Präsenz!«
»Sieh zu, dass du ein bisschen Ballett machst.«
»Achte auf deinen Gang.«
»Sprich mit den Leuten am Set.«
»Zeige Emotionen!«
»Bedanke dich am Schluss für das Shooting.«

Das heißt es, ein Model aufzubauen.

Feedback ist in dieser Phase das Wichtigste, deshalb zeigen wir den Mädchen ständig die Fotos: »So siehst du jetzt aus.« Man muss wissen, wie welche Pose ankommt, wissen, wo die Schokoladenseiten liegen und wie die Mimik wirkt. Wenn wir die ersten *Polas* machen, ist Mimik ganz wichtig. »Streck mal die Zunge raus«, heißt es dann, »Zwinkere mir mal zu«. Man kann daran gut sehen, ob jemand Humor hat, Witz und Charme. Wenn jemand nur eine leere Hülle ist, dann funktioniert das nicht. Sehr wichtig ist natürlich auch, ob sich jemand bewegen, vielleicht auch tanzen kann. Es gibt auch immer wieder Mädchen, die zu sehr von sich überzeugt sind. Die zu viel machen, so dass man sie bremsen muss. Deshalb ist es so wichtig, sich selbst gut einschätzen zu können, die Stärken und Schwächen zu kennen und entsprechend damit umzugehen.

Die Kunst des Agenten besteht darin, zu verstehen, wer welche Ansprache braucht. Das ist oft schwierig. Meine Mitarbeiter sind oft zu nett und zu freundlich. Ich bin da ein bisschen rabiater. Models bekommen dann schon mal Sachen zu hören wie: »Jetzt hau uns mal alle weg und beweg dich!«

Oder »Bauch rein, Brust raus! Steh gerade!« Aber auch: »Das sieht ganz furchtbar aus!« Oder: »Das geht so nicht! Willst du Model werden oder nicht? Dann kannst du nicht als schüchternes Pferdemädchen um die Ecke kommen, sondern musst jetzt aus dir herauskommen!«

Mein Team sieht dann betreten zu Boden. Aber manchmal muss man Leute aus ihrer Komfortzone holen und deutlich machen, worum es geht. Das sind harte Momente, in denen sie richtig gefordert werden und reagieren müssen, Momente, in denen man sie richtig packt, und ihnen zugleich das Ergebnis zeigt und bespricht. Bis sie es irgendwann verinnerlichen und entsprechend selbstbewusst vor der Kamera agieren. Oft sind sie von sich selbst überrascht, wenn sie dann ihre Fotos sehen. Und begreifen erst nach und nach, dass sie granatenmäßig aussehen.

Es geht dabei nicht darum, bestimmte Muster einzustudieren, sondern sich auszuprobieren und seine Stärken zu entdecken. Alles andere sieht nur gestellt aus. Viele ältere Models haben noch so einen Katalogmove drauf, das sind diese klassischen Neckermann-Quelle-Posen, die früher immer verlangt wurden. Aber das macht man nicht mehr. Heute ist es wichtig, dass ein Model authentisch ist, dass es eingeht auf das, was der Fotograf sagt, und imstande ist, Emotionen rüberzubringen. Klar, die klassische *S-Kurve*, die muss jedes Model können, aber das entwickelt sich von allein.

Vor kurzem gab es ein Shooting mit fünf *New Faces*. Zwei waren sofort gut, sie arbeiteten schon für Kunden. Bei den drei anderen ist es ziemlich schief gelaufen. Eine konnte sich nicht bewegen und war sehr aufgeregt. Ich schlug ihr vor, in sich zu gehen und zu überlegen, ob Modeln wirklich das Richtige für sie sei. Eine war ein bisschen zu dick, sie muss ein bisschen abnehmen. Die Dritte sah gut aus, war aber unendlich langweilig. Morgens war sie kaputt, weil sie eine Stunde mit dem Zug anreisen musste. Mittags war sie kaputt, weil sie Hunger hatte und nachmittags, weil ihr alles zu viel war. Sie konnte nichts umsetzen, was der Fotograf mit ihr vorhatte. Ich sagte ihr: »So macht das keinen Spaß, wir spielen hier nicht den Entertainer für dich. Wenn du kaputt und müde bist, leg dich ins Bett. Und wir sehen weiter, wenn du wieder frisch bist.« Solch ein Ergebnis eines New-Face-Shootings ist nicht ungewöhnlich. Zwei haben bereits Jobs, drei müssen weiter an sich arbeiten und bekommen eine zweite Chance.

In der Regel durchlaufen rund dreißig New Faces unser Development. Mehr als die Hälfte unserer Models haben dieses Coaching absolviert und arbeiten heute richtig gut. Diese Entwicklung anzustoßen, zu begleiten und zu erleben, wie ein Mädchen beim ersten Testshooting schüchtern in der Ecke sitzt, bis zu dem Punkt, an dem sie als gut bezahltes Model von einem Cover lächelt oder das Gesicht einer glamourösen Kampagne ist – das sind die erfüllendsten Momente meines Jobs.

Aus einem durchschnittlich begabten, kommerziellen Model kann ich keinen Superstar machen. Aber ich kann es soweit aufbauen, dass es regelmäßig arbeitet. Zugleich muss ich in der Lage sein, einen Superstar zu erkennen und so zu fördern, dass er richtig bekannt wird.

Zur Wahrheit gehört auch: Wenn ein Mädchen mit 14 zu uns kommt, und wir zu dem Schluss kommen, dass sie gut aussieht und wir es versuchen können, bedeutet das noch lange nichts. Es kommt vor, dass Mädchen mit 16 super sind, und mit 19 alles vorbei ist. Häufig nimmt eine hoffnungsvolle Karriere in dem Moment eine Wendung, sobald der erste Boyfriend ins Spiel kommt. Manchmal läuft die Entwicklung auch umgekehrt. Nach verhaltenem Start kommt der Durchbruch erst nach zwei, drei Jahren. Man kann nie wissen, wo die Reise hingeht.

Vor kurzem hatten wir ein bildhübsches Mädchen, das schon zwei, drei Jobs gemacht hatte, dabei immer in einer kindlichen Anmutung fotografiert wurde. Schüchtern, in der Ecke sitzend, mit einem sehr coolen Outfit, im Mittelpunkt ihr sehr hübsches Gesicht. Das sah gut aus, aber auch ein bisschen langweilig. Es vermittelte keinen Esprit, kein Charisma und keinen Sex Appeal. In meinen Augen war sie ein *Potential Face*. So nennen wir Models, denen wir den Durchbruch in naher Zukunft zutrauen. Man findet sie natürlich eher unter 17-Jährigen als unter Älteren. Dass eine 25-Jährige in einer neuen Rolle noch groß Karriere macht, ist eher selten der Fall. Dieses Potenzial zu heben, ist meistens mit viel Aufwand verbunden und erfordert viel psychologisches Einfühlungsvermögen. Denn der Schritt zum *Breaking Face* bedeutet für ein Model auch, mit einer neuen Rolle klarzukommen.

Irgendwann sagte ich zu ihr: »Komm, wir machen ein Shooting, betreiben ein bisschen Aufwand und schalten um auf sexy! Mach dir keine Sorgen, wenn es dir nicht gefällt, löschen wir alle Fotos. Aber lass es uns probieren.«

In unserem Studio haben wir sie schwarz-weiß fotografiert. Sie trug nur ein Smokinghemd von ihrem Vater, eine Krawatte und High Heels. Dazu war sie jetzt bereit. Und stieg damit in eine andere Liga auf. Sie ist jetzt ein internationales Kampagnengesicht und hat eine ganz andere Ausstrahlung. Genau das ist Development-Arbeit. Ausprobieren und sehen, wie es sich anfühlt.

Sobald das Development überzeugt ist, dass ein Model in der Lage ist, zu arbeiten, gilt es, die Booker zu begeistern. Zunächst diejenigen, die mit Imagekunden arbeiten, sie bekommen dann eine Ansage wie: »Dieses Model is the hottest shit! Jetzt legt mal los!« Wie an der Börse rufen sie dann Kunden an und sagen: »Ich habe hier ein paar Blue Chips, die müsst ihr kaufen!« Und wenn die Kunden antworten: »Wow, wer ist das denn?«, sie buchen und nach dem ersten Job zu dem Urteil gelangen »Die kann was, die hat ein Spektrum an Ausdrucksmöglichkeiten, die bietet was an, hat verschiedene Posen drauf, sieht gut aus, zeigt Emotionen, performt am Set und ist perfekt in shape«, dann hat das Development einen guten Job gemacht und die Agentur ein Model perfekt aufgebaut. Dass Kunden zu diesem Urteil gelangen, liegt im ureigenen Interesse der Agentur. Wenn es dagegen heißt: »Oh, ein Greenhorn, das auf allen Fotos gleich guckt und langweilig wirkt«, dann wird das Model nicht mehr gebucht. Und das fällt auf die Agentur zurück.

Wie wichtig sowohl Development ist als auch ein realistischer Blick des Models auf sich selbst, lässt sich gut an dieser Geschichte illustrieren. Vor kurzem kam ein Model von zu uns, das bei einem älteren Agenten unter Vertrag stand, der mit seiner Agentur in den 80er- und 90er-Jahren schöne Erfolge gefeiert hatte.

»Ich bin unglücklich«, sagte sie, »irgendwie klappt das alles nicht.« Sie hatte ein Jahr lang keine Jobs, und als ich mir ihr Buch ansah, zeigte sich weshalb. Ihre Agentur hatte radikal versucht, sie wie Tatjana Patitz vor vierzig Jahren zu inszenieren. Früher war das mal ein Trend, Models edgy darzustellen und zu behaupten, dass verleihe ihnen internationales Flair und eröffne ihnen ungeheure Chancen. Aber das klappt nicht. Entweder jemand ist international und edgy oder eben nicht. Models eine Rolle wie ein Kleid anzuziehen, das funktioniert nicht.

»Das bist du nicht«, habe ich gesagt. Bei einem angehenden Model muss man erst einmal herausfinden, wer sie ist, wo ihre Stärken liegen, ihren Charakter kennenlernen, anstatt sie in eine

Ecke zu drängen. Und dann überlegt man, für welche Kunden das interessant ist, das ist der richtige Ansatz.

Es gibt Models, die eignen sich nicht für High-End-Fashion, sind aber perfekt für Müller Milchreis und Mediamarkt. Und es gibt Models, da denkt man sofort an Dior oder Gucci. Eine gute Agentur entwickelt dafür einen präzisen Blick und findet die richtigen Antworten auf Fragen wie: Wer ist das? Wofür steht jemand? Wo könnten sich Karrierechancen auftun?

»Du bist ein nettes, lachendes, tolles Model für Werbung«, sagte ich ihr. »Wenn du lachst, geht die Sonne auf. Du kannst dich gut bewegen, du bist entertaining und versprühst gute Laune. Du bist kein Model für London oder New York. Aber mit dir kann jeder deutsche Kunde werben.« Und siehe da, nach einem Shooting hatte sie ihre erste Kampagne.

Voraussetzungen

Ich kenne viele junge Menschen, die ich sehr attraktiv finde. Menschen jenseits der Modelnorm, die auf ihre Art gut aussehen und eine angenehme, positive Ausstrahlung haben. Menschen, die kleiner sind als Models, dicker sind als Models. Es gibt Schönheit jenseits der Maßstäbe, die im Modelbusiness gelten. Ob man als Model in Frage kommt, ist kein Urteil darüber, ob man gut aussieht, ebenso wenig über Persönlichkeit oder über den Wert als Menschen. Das klingt so selbstverständlich, dass ich zögere, es aufzuschreiben. Doch ich weiß aus Erfahrung: Viele junge Mädchen und auch Jungen sehen das ganz anders. Ich erlebe Tag für Tag, welche enorme Bedeutung für viele die Frage hat, ob sie schön genug sind, um als Model zu arbeiten.

Die Kriterien, die darüber entscheiden, wer Model werden kann, folgen einer bestimmten Logik. Die Maßstäbe, die ihr zugrunde liegen, kann man ablehnen. Aber sie sind gültig und bestimmen diese Branche. Wie gesagt, ich sehe viele schöne Menschen, die nicht die Anforderungen an ein Model erfüllen. Doch zu behaupten, dass die Modelwelt viele Ausnahmen akzeptiert, wäre nicht aufrichtig. Ich will versuchen zu erklären, warum das so ist.

Das Alter

Das ideale Einstiegsalter bei Mädchen liegt bei 15, 16 oder 17. Sehen wir in einer 14-Jährigen Potenzial, setzen wir sie auf eine *Watch List*, das heißt, wir beobachten ihre Entwicklung. 15, 16, 17 ist optimal, denn in diesem Alter wachsen die meisten nicht mehr so viel und man bekommt eine Vorstellung, wie sie sich entwickeln werden. Man kann die ersten Shootings machen, sie an die Atmosphäre gewöhnen, und sie in ersten Jobs Erfahrungen sammeln lassen.

Man muss das behutsam angehen. Oft bremsen anfangs auch die Eltern, und mit dem Jugendschutzgesetz ist es auch nicht so einfach. Models unter 16 dürfen nur vier Stunden pro Tag arbeiten. Mit Einwilligung der Eltern lässt sich diese Regelung zwar umgehen, aber das geschieht nicht immer.

Mit 17 haben die meisten New Faces dann schon ein bisschen Erfahrung und ein paar Fotos und können anfangen zu arbeiten. Manchmal geht es auch viel schneller. Einige unserer Models sind sehr früh durchgestartet und schon mit 16 weltweit herumgereist und haben große Kampagnen gemacht.

Wenn man professionell als Model arbeiten will, ist ein Einstiegsalter von 15 oder 16 vor allem deshalb ideal, weil dann viele Jahre bleiben, um zu arbeiten. Nur dann besteht die Chance, auch eine schöne Karriere zu machen. Natürlich nehmen wir auch mal Leute auf, die Anfang, Mitte 20 sind. Aber dann bleiben nur ein paar Jahre. Das ist wenig, denn ein, zwei, manchmal auch drei Jahre dauert es auch in diesem Alter, ein Model aufzubauen. Wenn man geringere Ambitionen hat und nur neben dem Studium ein bisschen modeln möchte, sollte man sich bei einer Casting-Agentur bewerben und hier und da mal einen Job machen.

Einige Kunden entscheiden sich bewusst für ganz junge Models als Kampagnengesicht. Vor allem deshalb, weil 15- oder 16-Jährige ein unvergleichlich superreines, schönes Gesicht haben. In diesem Alter ist die Haut so glänzend, feinporig und faltenfrei wie nie. Models in diesem Alter sehen einfach noch frischer und makelloser aus als eine 22-Jährige. Mit 22 kann man schon Falten haben und, je nach Lebenswandel schon verbraucht aussehen. Die Strahlkraft ganz junger Haut ist mit der einer 22-Jährigen nicht zu vergleichen.

Die Größe

Um als Model möglichst vielseitig einsetzbar zu sein, jeden Job machen und alle Disziplinen abdecken zu können, ist eine Größe zwischen 1,76 Meter bis 1,79 Meter ideal. Männer sollten zwischen 1,85 Meter und 1,89 Meter groß sein und eine Konfektion um die 50 haben. Nur mit diesen Maßen gibt es die Chance auf Erfolg.

Ausnahmen bestätigen die Regel. Immer wieder kommt jemand und sagt, Kate Moss ist auch nur 1,69 Meter groß. Natürlich gibt es Models, die ein bisschen kleiner sind. Aber die machen die fehlenden Zentimeter durch extrem starke Personality, Präsenz oder Ausstrahlung wett. Das ist sehr selten, Ausnahmen eben.

Man sollte von seinem Umfeld also deutlich gespiegelt bekommen, dass man außergewöhnlich ist, auffällig gut aussieht, ein besonderes Talent hat, die richtigen Proportionen oder ein sehr, sehr hübsches Gesicht, wenn man sich bewerben will, ohne die richtigen Maße zu haben. Ansonsten sollte man es lassen.

Bei MGM gibt es ein Model, Juliana, sie hat die Energie einer Duracell-Batterie und ist 1,69 Meter groß. Intern nennen wir sie »Little Devil«. Sie ist witzig, sie ist charming und wenn sie einen Raum betritt, beginnt sie zu reden, beinahe hyperaktiv, das hebt sie ab von anderen Models. Kunden schätzen sie, weil sie viel anbietet und mit ihrem kleinen Körper extrem gut umgehen kann. Sie hat sehr gute Proportionen und im Wäschebereich ihre Nische gefunden. Da ist sie ziemlich gut, aber eben nur dort. Mit ihrer Größe kommt sie auf keinen Laufsteg der Welt. Für die Schauen in Paris oder Mailand ist diese Größe ein Ausschlusskriterium.

Läuft ein kleines Mädchen auf dem *Catwalk*, dem Laufsteg, sieht das seltsam aus. Wenn fünf Models 1,77 Meter groß sind und eine ist nur 1,70 Meter: Das ist sehr irritierend. Kein Designer schätzt das.

Die Figur

Aus den Vorgaben an die Körpergröße ergibt sich zwangsläufig auch die Erwartung an die Figur eines Models. Ein Hüftumfang von 90 cm ist international gesehen nach wie vor das Ideal. Das entspricht Kleidergröße 34. Das gilt in Asien wie in Südeuropa und den großen Modemärkten, also Paris, Mailand und London. Je schlanker, desto besser. Eine 34 ist ideal, in Deutschland wie in Skandinavien kann man auch mit einer 92er oder 93er Hüfte arbeiten, das entspricht einer 36. Auch 38 geht manchmal noch. Das hat auch zur Folge, dass die Standardkonfektion wie auch in den USA größer geschnitten wird. Je größer der Wohlstand, desto weiter die Schnitte.

Trotzdem halten sich in der Öffentlichkeit Vorstellungen über die Ansprüche an Modelfiguren, die mit der Realität nicht viel gemein haben. Ein gängiges Stereotyp ist das Bild des hungernden, magersüchtigen Models. Ich will nicht behaupten, dass es das nicht gibt, schon gar nicht verharmlosen. Aber es beschreibt nicht den Alltag einer Modelagentur. Im Gegenteil, viel mehr beschäftigt uns, dass junge Mädchen zu dick sind, um als Model zu arbeiten.

Natürlich sind wir als Agentur bei diesem Thema sehr aufmerksam und sehen genau hin. Bei uns hat mal ein Mädchen angefangen, das war 15 und sehr dünn. Ich habe den Eltern gesagt, dass mir das gar nicht gefällt. Sie antworteten, ihre Tochter sei nur zu schnell gewachsen. Es zeigte sich, dass das stimmte. Binnen eines halben Jahres gab sich das.

Doch wenn wir den Eindruck haben, jemand tut sich schwer damit, sein Gewicht zu halten und sich richtig zu ernähren, beraten wir sie oder ihn. Erklären die Zusammenhänge, machen Vorschläge oder bieten Personal Training an. Niemand in der Agentur wird aber mit der Brechstange versuchen, jemanden zu drängen, seine Gesundheit zu riskieren. Das gilt auch im umgekehrten Fall. Es kommt vor, dass Models sich verrennen und es übertreiben beim Versuch, ihr Gewicht zu halten oder für ein Shooting auf einen bestimmten Hüftumfang zu kommen. Früher wurde häufig die Geschichte erzählt, dass Models Tampons essen, um ihren Hunger kurzfristig zu stillen oder sich nach einem üppigen Abendessen erbrechen. Das wird es sicherlich noch geben. Aber jede vernünftige Agentur greift in so einem Fall ein. Wenn wir den Eindruck haben, jemand schafft es nicht, entsprechend in Form zu kommen, dann steht ein ganz anderes Gespräch an: Dem Mädchen – es sind überwiegend Mädchen, die das betrifft – zu sagen, dass es keinen Sinn ergibt, sich weiter an einer Modelkarriere zu versuchen und die Zusammenarbeit zu beenden. Das ist kein angenehmes Gespräch, aber häufig markiert es den Wendepunkt, sich in eine andere Richtung zu orientieren.

Ich bin, wie gesagt, mittlerweile sehr vorsichtig, wenn ich mit einer jungen Frau über ihre Figur und ihr Gewicht rede. Es ist nicht ganz einfach, einerseits deutlich genug zu sein, um zu erklären, wie die Regeln der Branche funktionieren und zugleich so einfühlsam, dass meine Worte nicht zu überdrehten und übermotivierten Reaktionen führen. So wie vor einigen Jahren.

Ein Mädchen hatte sich vorgestellt, begleitet von seiner Mutter. Die Tochter hatte eine 97er Hüfte und ich sagte, das ist ein bisschen viel, wenn du als Model international Erfolg haben möchtest. Dafür müsstest du ein bisschen abnehmen. Und auf eine 92, idealerweise auf eine 90 kommen. Im ersten Schritt würde es auch eine 93 tun. Wochen später rief mich die Mutter an und beschimpfte mich, ich hätte ihre Tochter in den Magerwahn getrieben. Ich antwortete, das tue mir furchtbar leid, das habe ich ganz sicher nicht gewollt. Ich schlug ein Treffen zu dritt vor, um das zu besprechen und dass ich mein Bestes geben werde, dass sie wieder gesund wird. Als wir uns dann trafen, kam das Mädchen mit einer 95er Hüfte an. Sie hatte also nur ein klein wenig abgenommen. Im vertraulichen Gespräch sagte ich der Mutter, dass das keine Magersucht sei, 95 sei immer noch zu viel. Daraufhin rastete sie völlig aus.

Ich erzähle diese Geschichte aus zwei Gründen. Zum einen, weil ich den Eindruck habe, dass in der Debatte über Körperbilder vieles durcheinander gerät. Wir sprechen nicht von einem Hüftumfang von 87 oder 86, sondern von einer 90. In Deutschland genügt auch 93. Und nicht jedes Mädchen, das abnimmt, hat eine Essstörung. Und erst recht keine Magersucht. Ich weiß, was Magersucht bedeutet.

Eine Freundin von mir war als Teenager magersüchtig. Sie war nicht nur magersüchtig, sondern pathologisch kontrolliert. Essen, Trinken, alles stand unter Kontrollzwang. Die Ursache lag in der falschen Erziehung ihrer Eltern. Das legte sich, als sie von Zuhause auszog. Da stand sie nicht mehr unter Druck und dann ging das vorbei.

Magersucht kann eine Reihe verschiedener Ursachen haben, viele liegen in der Familie begründet, etwa in dem Glauben, Erwartungen der Eltern nicht erfüllen zu können. Oft spielt auch das Gefühl, wenigstens den eigenen Körper kontrollieren zu können, in einer Phase, in der so vieles ungewiss und unklar erscheint, eine zentrale Rolle.

Sicher, Essstörungen betreffen vor allem heranwachsende Mädchen und heranwachsende Mädchen sind es, die den Wunsch haben, Model zu werden.

Das Ziel, dem Körperideal erfolgreicher Models oder Influencerinnen nahe zu kommen, kann eine Essstörung auslösen, aber: Magersucht ist keine Modelkrankheit. Und ich glaube auch nicht, dass seriöse Agenturen eine große Rolle dabei spielen. Wir sind jedenfalls sehr selten mit diesem Thema konfrontiert. Weder bei den Mädchen, die sich hier bewerben, noch bei den Models, die bereits arbeiten. Seit den Debatten um Size Zero vor gut zehn Jahren und der Selbstverpflichtung von Modeunternehmen, keine untergewichtigen Models mehr zu beschäftigen, spielt dieses Thema keine große Rolle mehr. Auffällig dagegen ist, dass manche Models über Hautprobleme klagen. Oft stellt sich dann heraus, dass die betroffenen Jungen oder Mädchen auch mit psychischen Problemen konfrontiert sind, wie beispielsweise Mobbing in der Schule, enormen Erwartungen der Eltern, einem Mangel an Anerkennung und Zuwendung. In meiner Wahrnehmung ist das ein größeres Problem als Essstörungen oder Magersucht.

Und weil ich gerade dabei bin, Stereotype geradezurücken: Drogen, vor allem Kokain, sind in der Kreativbranche weit verbreitet, klar. Und es wäre absurd zu behaupten, dass im Modelbusiness keine Drogen genommen werden. Ich bekomme aber nicht mit, wenn Models koksen. Und sie werden den Teufel tun und mir davon zu erzählen. Aber die Vorstellung, dass zum Selbstverständnis eines Models regelmäßiges Koksen zählt, ist Unsinn. Manche probieren es, weil sich die Gelegenheit bietet, sei es auf Reisen, sei es nach einem Shooting. Dass ein Model ein echtes Drogenproblem hat, kommt zum Glück nur sehr selten vor. Wir bekommen mit, wenn sich jemand nicht mehr im Griff hat, wenn ernste psychische Probleme auftauchen oder jemand sich auffällig verändert. Wir hatten solche Fälle, es endet in der Regel damit, dass das Model die Agentur verlassen muss.

Häufig ist der Einwand zu hören: Warum ist eine 34 das Maß der Dinge? Ist ein solches Ideal nicht nur ein Konstrukt? Schließlich ist die Mehrzahl der Frauen größer. Und nur eine Minderheit hat eine 34er Konfektion. Sollten Models nicht Größen und Figuren abbilden, die am häufigsten in der Bevölkerung vorhanden sind? Als Repräsentanten des real existierenden Durchschnitts? Im Durchschnitt ist eine 20- bis 29-Jährige in Deutschland 167 cm groß. Also zehn Zentimeter kleiner als das Idealmaß eines Models.

Zunächst eine Antwort darauf, die zum Inventar des Modelbusiness zählt, sie lautet: »Niemand will seinen Nachbarn sehen.« Soll heißen: Damit ein Model seine Wirkung entfalten kann, muss es schöner sein als der Durchschnitt. Eine bessere Figur haben als der Durchschnitt. Größer sein, bessere Haut, fülligere Haare. Von allem, was die Mehrheit gerne hätte und bei sich selbst vermisst, ein bisschen mehr. Models artikulieren eine Illusion, eine Sehnsucht. Ein Model bildet nicht die Realität ab, es verkörpert ein Ideal. Jedes Kleid, jede Bluse, jeder Rock kommt am besten zur Geltung an einem Model mit Idealmaßen. Die Stoffe fallen besser, und verleihen dem Kleidungsstück etwas Leichtes, Selbstverständliches. Ich kenne keinen ernst zu nehmenden Designer, der das anders sieht.

Die Inszenierungen der Modewelt sind Ausdruck einer Haltung, die auch Anstrengung und Disziplin verlangt, und eines Schönheitsbegriffs, der für Gesundheit und Fitness steht und Anregung bietet, Ansporn, und Motivation, seine Komfortzone zu verlassen. Wenn ich unsere männlichen Models mit den Six Packs sehe, denke ich jedes Mal: Komm Marco, raff dich auf! Geh ins

Fitnessstudio und mach was! Das sieht echt gut aus, das würde auch dir gut tun.

Trotzdem taucht immer wieder die Frage auf: Kann nicht auch dick schön sein?

Eltern

Um zu verstehen, was und wer hinter dem Wunsch steht, Model zu werden, muss man immer die Familie eines Mädchens oder Jungen kennenlernen. Abgesehen davon läuft ohne das Einverständnis der Eltern nicht viel. Denn die meisten Mädchen und Jungen, die bei MGM beginnen, als Model zu arbeiten, sind jünger als 18, also minderjährig. Ohne das Einverständnis der Eltern können wir sie nicht aufnehmen, ohne ihr Einverständnis können sie nicht in Mailand oder Paris arbeiten, ohne ihr Einverständnis müssen sie ein Shooting nach vier Stunden verlassen. Wir lernen also viele Eltern kennen.

Die meisten unterstützen die Pläne ihrer Kinder. Dass eine Mutter oder ein Vater sagt, ich will nicht, dass meine Tochter modelt, das habe ich noch nie erlebt. Der entscheidende Punkt ist in der Regel, dass die Schule unter dem Modelling nicht leidet. Das ist okay, das finde ich richtig so, das lässt sich regeln.

Es gibt auch Eltern, die betrachten die Modelkarriere ihrer Tochter als Anerkennung ihrer selbst, so nach dem Motto: Wo hat sie das gute Aussehen und die Ausstrahlung schließlich her? Es gibt Mütter, wie die des Mädchens, das die Tortur einer Beinverlängerung auf sich genommen hat, die ihrer Tochter helfen wollen, einen Traum zu verwirklichen. Andere wollen an der Seite ihrer Tochter eine Karriere durchleben, die sie selbst nicht gehabt haben. Einige kennen da keine Hemmungen und kommen unter dem Vorwand, dass ihre Tochter noch nicht allein reisen kann, einfach mit zum Shooting. Mittlerweile bin ich da konsequent und verhindere das, wenn möglich. Weil es immer zu Komplikationen führt. Insbesondere Eltern aus ländlichen Gegenden sehen die Modeljobs ihrer Kinder als Gelegenheit, in eine andere Welt zu schnuppern.

Ich hatte mal ein Model, dem ich eine schöne Karriere zutraute, das von seiner Mutter aber komplett ausgebremst wurde. Sie war so eine Hippiefrau, die mit ihrer Tochter ein lockeres Mutter-Tochter-Leben führte. Immer waren sie zu zweit unterwegs, trampten durch Europa, nie ließ sie ihre Tochter aus den Augen. Sie begleitete sie auch zu ihren Jobs. Als sie in Mailand von *Fendi* gebucht war, bekam ich einen Anruf. »Marco, es ist uns total unangenehm, aber die Mutter des Models hat bei uns auf der Piazza ein Zelt aufgeschlagen und schläft dort. Die Tochter bringt ihr vom Buffet was zu essen.« Erst haben wir darüber gelacht, aber es war unmöglich. Als immer mehr Leute am Set das mitbekamen, haben sie die Mutter in ein Hotel gebracht. Sie ließ aber nicht locker und mischte sich in alles ein. Bis der Kunde die Zusammenarbeit beendete. Das Gleiche hat sie dann auch in Miami gemacht. Dort schlief sie am Strand und wurde von der Polizei verscheucht. Eine Weile haben sie das durchgezogen und gemeinsam von den Modelgagen gelebt. Doch je mehr sich das herumsprach, umso weniger wurde die Buchungen. Am Ende hat es sie eine größere Karriere gekostet.

Ähnlich erging es vor kurzem einem anderen unserer Models. Ein 16-jähriges Mädchen stellte sich vor, begleitet von seiner Mutter. Soweit ganz normal, nur: Die Mutter ließ ihre Tochter kaum zu Wort kommen und beantwortete alle Fragen, die ich der Tochter stellte. Jeder Satz begann mit Wir. Wir möchten, wir können, wir müssen. Sie und ihre Tochter, daran ließ sie keinen Zweifel, gab es nur als Team. Das ging so weit, dass das Mädchen nicht ohne ihre Mutter das Haus verlassen durfte. Sie lebte eine halbe Stunde außerhalb von Hamburg. Sie hätte viele Jobs machen können, wenn ihre Mutter Zeit gefunden hätte, sie zu begleiten. Kam die

Mutter mit zum Shooting, bremste und hemmte sie ihre Tochter derart, dass sie keine Entwicklung nehmen konnte.

Mit Vätern haben wir seltener zu tun. Meistens schalten sie sich ein, wenn sie Juristen sind oder selbst ein Unternehmen führen. Sie kommen dann einmal vorbei, hauen ein bisschen auf den Tisch, wollen die Verträge sehen und sich selbst ein Bild machen. Sobald sie feststellen, dass alles seriös ist, halten sie sich zurück. Ab und an kommt es vor, dass ein Vater sich bei den Abrechnungen einschaltet. Das ist in Ordnung, damit kann ich gut umgehen.

Manchmal erfordert der Umgang mit Eltern auch viel Einfühlungsvermögen, Empathie und Fingerspitzengefühl. Seit einiger Zeit gibt es bei MGM eine junge, sehr hübsche Irakerin. Wir haben sie supersexy fotografiert. Und ich dachte, das läuft. Bis auf einmal ihre ganze Familie in unserem Konferenzraum saß. In ihren Augen hatte ich die Familienehre verletzt. Es ging um Fotos, die ihre Tochter im Minirock zeigten. Gut, habe ich gesagt, dann nehmen wir das raus. »Aber bis wohin dürfen wir gehen?« Wir haben uns auf einen Mittelweg geeinigt. Sie ist gut gebucht, die Eltern sind mittlerweile ein bisschen liberaler. Und allmählich kommen wir dem Minirock wieder ein bisschen näher.

WEINEN usw.

Gezeichnet von
Germany's Next Topmodel:
die Sorte Ruhm, die niemand
braucht

Vor sechzehn Jahren lief die erste Staffel von *Germany's Next Topmodel*, seither ist viel darüber geschrieben worden. Heidi Klum ist hart dafür kritisiert worden, wie sie junge Menschen öffentlich demütigt, fragwürdige Rollenbilder und Werte transportiert. Vieles davon teile ich, aber ich beschränke mich hier darauf, die Show aus Sicht eines Modelagenten zu beurteilen.

Anfangs fand ich die Idee gar nicht schlecht. Ich fragte mich, wie sie das Thema Modelauswahl wohl besetzen würde. Sie hat darin ja keine Expertise, sie war ein erfolgreiches Bikinimodel. Doch der Titel der Sendung hatte einen ehrgeizigen Anspruch. Wenn das ein gutes Format ist, dachte ich, kann die Show Models beim Einstieg ins Geschäft helfen. Wenn es darum geht, herauszufinden, wer wirklich Talent hat, die Physis mitbringt, gut aussieht, sich gut bewegen kann, sympathisch ist und bei Kunden gut ankommt. Doch schon nach den ersten Folgen war klar, dass nichts davon abgefragt wurde und es sich um eine rein kommerzielle Shitshow handelt, konzipiert als Geldmaschine für Heidi Klum.

16 Jahre später muss man feststellen: *Germany's Next Topmodel* ist in erster Linie eine Fernsehshow, die Kandidatinnen werden vor allem auf ihre Eignung als Fernsehdarstellerin gecastet. Deshalb ist es auch keine Überraschung, dass bisher noch keine der 357 Kandidatinnen, die es in die Sendung geschafft haben, und von den rund 250 000 jungen Frauen, die sich seither beworben haben, eine respektable Modelkarriere gemacht hat. Und auch die Namen derer, an die man sich erinnern kann, sind schnell aufgezählt. Lena Gercke, Sara Nuru, Rebecca Mir, Marie Nasemann. Was sie heute machen? Lena Gercke ist mäßig erfolgreich als Moderatorin und betreibt ein eigenes Fashionlabel, Sara Nuru habe ich als intelligente Frau in Erinnerung, aber als Model hat sie nur eine Weile gearbeitet, Marie Nasemann ist Model, Schauspielerin, Bloggerin, Rebecca Mir ist im Fernsehen in unterschiedlichen Rollen zu sehen. Ganz gut hinbekommen hat es Stefanie Giesinger. Aber Top-Model?

Erste Eindrücke davon, was die Show bei Teilnehmerinnen anrichten kann, bekam ich, als sich nach den ersten Staffeln ehemalige Kandidatinnen bei MGM bewarben. Alle erzählten mehr oder weniger dieselbe Geschichte. Alle schienen von den Strapazen der Show gleichermaßen gezeichnet. Als hätten sie in den Wochen und Monaten, die sie abgeschottet von ihren Familien und Freunden mit dem Produktionsteam verbracht hatten, eine sektenähnliche Erfahrung gemacht. Sie wirkten wie ausgetauscht, lost und brainwashed.

Mir ist klar, dass eine Fernsehshow dramaturgischen Gesetzen folgen muss. Niemanden interessiert, wenn eine Moderatorin eine Kandidatin an die Hand nimmt und sagt: »Komm, wir sehen uns jetzt mal ein Fotostudio an und du zeigst uns, wie schnell du sieben Outfits wechseln kannst.« Ich habe nichts dagegen, dass ein Fernsehformat zuspitzt und an der einen oder anderen Stelle übertreibt. Was mich an *Germany's Next Topmodel* massiv stört, ist, dass die Show falsche Erwartungen weckt und mit der Realität von Models nicht viel gemein hat.

Beginnen wir mit der Ansprache. Klum spricht ja immer von den »Mädchen«. Stimmt schon, das war früher mal Branchenjargon, von Models als »meinen Mädchen« zu sprechen. Aus dem Mund einer Agentin könnte das sogar mütterlich und fürsorglich klingen, aber welcher Agent würde es heute wagen, so zu reden? Das ist Letzter-Jahrhundert-Sprech, fürchterlich. Natürlich spreche ich von »meinen Models«, und alle ernst zu nehmenden Booker und Kollegen tun das auch.

Zu den dramaturgischen Höhepunkten der Show zählt das sogenannte Umstyling. Lange Haare werden kurz, blonde schwarz, Eingriffe, die den Charakter eines Menschen stark verändern. Die Show suggeriert, dass die Bereitschaft zu einer solchen Verwandlung Voraussetzung ist, um als Model arbeiten und bestehen zu können. Das ist Unsinn, was soll das bringen? Jede Agentur setzt alles daran, den natürlichen Look eines Models zu bewahren, er ist ihr Kapital. Ist ein Model gut im Geschäft, wird es sich genau überlegen, ob es das Risiko einer Typveränderung eingeht. Und Models, die wenig gebucht werden, sollten ein Umstyling als Allerletztes in Erwägung ziehen. Meistens haben ausbleibende Jobs andere Gründe.

Dass ein Model mal Strähnchen bekommt oder Spitzen geschnitten werden, das schon. Auch dass dunkles Haar etwas aufgehellt oder ein Blondton verstärkt wird. Das fällt unter Optimierung, muss allerdings gut begründet sein. Aber eine krasse Typveränderung? Mit Vorher-Nachher Effekt? Das mögen Agenturen schon deshalb nicht, weil dann alle Fotos neu gemacht werden müssen. Manchmal haben Models nach Jahren mit langem Haar den Wunsch nach einem anderen Look, etwa nach einem Bob. Dann bespricht man das, meistens verstehe ich das, und dann machen wir das. Aber nur, wenn der Impuls vom Model ausgeht. MGM würde das niemals von einem Model verlangen.

Ähnlich verhält es sich mit den *Challenges*, bei denen es darum geht, Härte zu zeigen, Mut zu beweisen oder Ängste zu überwinden. Mit einer lebenden Schlange um den Hals zu posieren oder einer dicken Spinne auf der Schulter. Oder aus großer Höhe an einem Seil hängend in die Tiefe zu springen. Natürlich schadet es nicht, wenn man als Model offen ist für ungewohnte Situationen. Aber eine Agentur wie MGM würde niemals ein Model überreden, sich auf eine Konstellation einzulassen, die Angst auslöst. Allein, weil wir niemandem damit einen Gefallen tun. Dem Model nicht, dem Kunden nicht und der Agentur auch nicht. Dann macht es diesen einen Job eben nicht, dafür einen anderen.

Nichts gemein mit dem Alltag eines Models haben auch die Momente in der Show, in denen die Kandidatinnen mehr oder weniger genötigt werden, sich oben ohne zu zeigen. Ob Nacktheit auf Fotos oder im Fernsehen stattfindet, macht einen großen Unterschied. Es gibt Models, die ein unbefangenes Verhältnis zu ihrem Körper haben und die Gabe, sich und ihren Körper vor der Kamera sinnlich in Szene zu setzen. Aber jedes Model entscheidet selbst, was es zeigen will. Und was nicht. Jungen Frauen zu zusehen, wie sie öffentliche Nacktheit als Challenge angehen, sich bemühen, ihre Scham zu überwinden und gleichzeitig sexy zu wirken und ihre Rivalinnen auszustechen, das halte ich für entwürdigend. Bei diesen Mutproben geht es ausschließlich um dramaturgische Effekte.

Der Show liegt die Annahme zugrunde, dass Models untereinander vor allem Rivalinnen sind und unentwegt in Konkurrenz zueinander stehen. Mit der Realität hat das nichts zu tun. Die eine arbeitet für Adidas, die andere für Nike. Die eine macht ein Wäscheshooting, die nächste läuft eine Show, die dritte hat einen redaktionellen Job. Unterschiedliche Typen machen unterschiedliche Jobs, es ist tatsächlich so einfach. Manchmal kommt es vor, dass ein Model eine Art Doppelgängerin hat, eine Kollegin, die ihr sehr ähnlich sieht oder den gleichen Haarschnitt hat. Dann passiert es schon mal, dass die beiden sich auf einem Casting begegnen und die eine zur anderen sagt: »Ach, du bist das, die mir immer die Jobs wegschnappt!« Aber das hat nicht den Charakter eines Zickenkriegs. Ganz im Gegenteil. Es ist eher so, dass sich Models miteinander solidarisieren. Man tauscht sich aus, was die Gagen angeht, und man hält zusammen, wenn es gegen die Agentur geht.

Diese behauptete Rivalität und der pausenlose Wettkampf um die verbleibenden Plätze – jede Folge muss eine Kandidatin die Show verlassen – erzeugt einen ungeheuren Konkurrenzdruck, der die vielen Konflikte speist, von der die Show vor allem lebt. Konflikte, die von der Redaktion gezielt geschürt werden. Und sobald sie eskalieren und Kandidatinnen sich auffällig benehmen, hält die Kamera gnadenlos drauf. Auf diese Weise entstehen Szenen, die kein Mensch von sich sehen möchte, schon gar nicht in der Öffentlichkeit, erst recht nicht, wenn man den Großteil seines Lebens noch vor sich hat. Aufgabe der Redaktion wäre in meinen

Augen, die Kandidatinnen zu schützen, diese Szenen zu schneiden und nicht zu senden. Meistens aber sind es genau diese Tränenausbrüche, Boshaftigkeiten, Gemeinheiten und emotionalen Zusammenbrüche, die den Kandidatinnen Aufmerksamkeit verschaffen, an ihnen hängenbleiben und ihnen in der Öffentlichkeit einen Stempel verpassen, den sie so leicht nicht wieder loswerden. Für *Bild* scheint es kaum etwas Spannenderes zu geben, als über die Eskapaden und Zusammenbrüche der *Germany's Next Topmodel*-Kandidatinnen zu berichten. Die Sorte Ruhm, den man niemandem wünscht.

Der Vertrag, den die Teilnehmerinnen mit der Produktionsfirma geschlossen haben, weist auf derlei Situationen und Aufnahmen ausdrücklich hin: »Die Mitwirkende ist damit einverstanden«, heißt es da, »dass sie auch in für sie unangenehmen Situationen mit der Kamera begleitet werden kann. Daraus ergibt sich, dass auch solche Aufnahmen entstehen, die die Mitwirkende in einer ihr selbst nicht gefallenden Art und Weise präsentieren.« Und an anderer Stelle: »Die Mitwirkende ist sich bewusst, dass sie physischen und psychischen Drucksituationen ausgesetzt sein wird und erklärt sich bereit, dass RedSeven sie auch in solchen Ausnahmesituationen (Weinen, usw.) filmen und diese Aufnahmen nutzen darf.« Aber wer achtet schon auf solche Sätze und versteht sie als Warnung, in einem Moment, in dem sich gerade ein Traum zu erfüllen scheint? Die meisten Teilnehmerinnen realisieren zu spät, dass sie live on stage agieren, wahnsinnig viele Menschen dabei zusehen und hinterher alles viral geht.

In den Verträgen finden sich eine Reihe von Formulierungen, die den tatsächlichen Charakter der Show erahnen lassen. Etwa, dass es sich um ein »Hochglanz-Reality-Format« handelt. Auch, worum es im Kern geht: »Die Kandidatin erhält die Chance, besonders in ihrer Bekanntheit gegenüber einer großen Öffentlichkeit gefördert zu werden.« Dass sie als Fernsehdarstellerin bekannt werden und nicht als Model, das ist vielen nicht bewusst. Manche denken, das sei das Gleiche.

Und auch der Passus, in dem es heißt, »die Mitwirkende ist mit einer dramaturgischen Einflussnahme von RedSeven auf Produktionsablauf, Ergebnisse der Wettbewerbe und das Ergebnis der Finalfolge einverstanden«, kann man als deutlichen Hinweis lesen, dass es sich bei *Germany's Next Topmodel* keinesfalls um einen fairen Wettbewerb von Talenten handelt, sondern allein um eine TV-Show, die den dramaturgischen Regeln eines »Hochglanz-Reality-Formats« folgt.

Überrascht es da noch, dass die Mehrzahl der in der Show gezeigten Shootings für Marken und Labels Fake sind? So gut wie nie sind die in der Sendung produzierten Kampagnen zu sehen, weder in Zeitschriften noch im Fernsehen noch im Netz. Die Unternehmen, die sie angeblich in Auftrag geben, sind allein an der TV-Präsenz zu einer guten Sendezeit interessiert.

Jede Teilnehmerin hat vier Verträge mit vier verschiedenen Unternehmen unterschrieben. Mit dem Sender *Pro Sieben*, der Produktionsfirma *Red Seven*, der Produktionsfirma *Sam* und bis 2020 mit der Agentur Oneeins. Ein Vertragskonstrukt von 39 Seiten, das allein schon durch seinen Umfang derart einschüchtert und abschreckt, dass mit wenig Gegenwehr zu rechnen ist, nachdem es unterschrieben ist.

In allen vier Verträgen existiert keine Regelung zugunsten der Kandidatin. Die Teilnehmerinnen treten ohne Entschädigung Rechte ab und binden sich so stark an die vier Firmen, dass ihre Bewegungsfreiheit stark eingeschränkt ist und es einem Wettbewerbsverbot gleichkommt. Sogar eine Vertragsstrafe von bis zu 15 000 Euro kann verhängt werden. Auch die Beteiligungen, die das Model bei eventuellen Folgeaufträgen abgeben muss, sind extrem hoch angesetzt, sogar *Red Seven*, die Produktionsfirma, profitiert davon.

Die Botschaft der 39 Seiten bedeutet nichts anders als: Du musst uns alles geben, du stehst uns zur Verfügung mit der Option für mindestens ein weiteres Jahr. Und wenn wir dich unter die ersten drei Plätze platzieren, dann vermarkten wir dich in einer Form, die im Modelbusiness vollkommen unüblich ist. Ein Vertragskonstrukt, das unzulässig ist und alle Voraussetzungen erfüllt, um es Knebelvertag zu nennen. So sieht das auf jeden Fall mein Anwalt. Er hat schon einige Kandidatinnen aus diesen Verträgen herausgeholt.

Die erste *Germany's Next Topmodel*-Kandidatin, die sich bei uns bewarb, hatte an der zweiten Staffel teilgenommen. Sie war auch die Erste, die ich kennen lernte, die sich von dem Image, das die Sendung ihr verpasst hatte, nicht befreien konnte. Sie war 19 damals und belegte einen der vorderen Plätze. Wenig später stand sie bei uns vor der Tür. Völlig aufgelöst und zugleich voller Starallüren. Ich ging mit ihr abends zum Essen, sie wurde sofort erkannt und gegrüßt, bestellte einen Cocktail. Als er kam, sagte sie zur Kellnerin: »Das ist mein Lieblingscocktail, Sie können ihn von nun an nach mir benennen.« In diesem Moment dachte ich: »Um Gotteswillen, was ist los mit dir?« Doch es ging so weiter. Auf der einen Seite die Erwartung, wann es endlich losgehe mit dem großen Geldverdienen. Auf der anderen Seite persönliche Dramen und unentwegter Zoff mit Medien. Ich habe dafür gesorgt, dass sie ein regelmäßiges Einkommen hat, über MGM bekam sie auch einige Jobs. Aber dann folgten dramatische Zusammenbrüche in der Agentur. Probleme mit ihrer Familie, Probleme mit ihrem Freund, Probleme mit ihren Freunden. Das Tragische daran: Sie war kein Einzelfall, sie war nur die Erste.

Bei vielen anderen, die sich nach der Sendung bei MGM vorstellten, lief es ähnlich. Nie vergessen werde ich den Auftritt einer anderen Kandidatin. Das war wirklich tragisch. Sie kam mit ihrem gesamten Hausstand, verpackt in Kartons, hier an, ließ den Taxifahrer alles in die Agentur schleppen und sagte zur Begrüßung: »Der Fahrer muss bezahlt werden.« Ich zahlte, und da stand sie: voll auf Droge, völlig fertig. Sie begann zu heulen und zog sich komplett aus. »Bin ich zu dünn?«, rief sie, immer wieder. Meine Assistentin nahm sie zur Seite, legte ihr eine Jacke um und versuchte, sie zu beruhigen. Dann zog sie ein Schreiben einer großen Hamburger Anwaltskanzlei aus der Tasche, mit deren Hilfe sie gegen Heidi Klum prozessieren wollte. Ich erklärte ihr, dass die Anwälte dort 500 bis 1000 Euro pro Stunde berechnen und sie sich das nicht leisten könne. Als ihre Aufregung sich allmähliche legte und die Tränen trockneten, begann ich mit ihr zu sortieren, was geschehen war.

Sie war eigentlich eine intelligente junge Frau und erzählte die gleiche Geschichte, die ich mittlerweile schon ein paarmal gehört hatte: Angestachelt durch die Atmosphäre backstage habe sie sich in der Show zu emotionalen Ausbrüchen hinreißen lassen. In Zeitungen und Privatsendern wurde sie daraufhin zerrissen.

Als ich ihre Mutter anrief, um mit ihr zu besprechen, was zu tun sei, antwortete sie: »Was die kleine Ziege macht, ist mir scheißegal. Sie ist aus unserer Normalität weggelaufen, nie waren wir ihr gut genug. Sehen Sie zu, wie Sie mit ihr klarkommen. Sie sind doch hier der Impresario!« Wir haben sie dann erst mal zwei, drei Tage in ein Hotel gesteckt. Dort nahm sie ihr Zimmer komplett auseinander, daraufhin landete sie in der Psychiatrie. Von dort rief sie uns an und fragte, ob wir ihr Champagner und Koks besorgen können. Eine traurige Geschichte. Sie hätte niemals in diese Show gehen dürfen.

Später hatte ich sie in eine Talkshow vermittelt, da sollte sie von ihren Erfahrungen erzählen. Sie hatte gerade erst ein paar Sätze gesagt, da beleidigte sie eine Zuschauerin und beschimpfte sie wüst. Der nächste Skandal, wieder Tränen und Theater. Die Zeitungen stürzten sich auch diesmal darauf. Sie war danach noch in ein paar Realityformaten zu sehen und versuchte sich als Sängerin.

Bei mir lösen diese Geschichten immer Mitleid aus. In kürzester Zeit erlangen junge Frauen eine enorme Prominenz. Die aber nicht auf ihren Qualitäten und ihrem Talent als Model beruht, sondern auf Ausfällen und Ausbrüchen, auf Beschimpfungen und Beleidigungen. Sie kommen aus dieser Show und überall hält man ihnen vor, sie hätten überreagiert. »Du bist doch die Zicke aus dem Fernsehen!«, heißt es dann. Damit umzugehen, darauf sind sie nicht vorbereitet. Und als Model sind sie kaum einzusetzen, weil sie ganz verquere Vorstellungen vom Model-Business haben, nicht wissen, wo sie stehen und wie sie sich einordnen sollen. Oft heißt es dann, ich bin ein Promi, ich will mehr verdienen. Kunden wollen aber gerade diese Models nicht buchen, weil sie fürchten, dass deren in TV-Schlammschlachten erworbenes Image auf ihr Produkt abfärben könnte. Und dann merken sie langsam, dass ihr Fernsehruhm sie als Model nicht weiterbringt. Und das Ganze ein großer Fehler war.

Statt eines Modelvertrags haben sie Geldprobleme, einen Knebelvertrag an der Backe und ein fragwürdiges Image, das bei einem zweiten Anlauf in einer anderen Agentur mehr schadet als nützt. Etliche hat das Format in existenzielle Krisen gestürzt. Einige haben mit ihren Eltern gebrochen oder mit ihren Familien richtig Probleme bekommen, weil sie es alles andere als witzig fanden, was mit ihren Töchtern geschieht.

Vielen habe ich versucht zu helfen. Mein Anwalt hat etliche *Germany's-Next-Topmodel*-Kandidatinnen aus ihren Verträgen herausgeholt. Einige haben bei MGM auch etwas Geld verdient. Aber in jedem Fall war die Psyche der Mädchen auf eine Weise angeknackst, wie ich es bei MGM-Models bis dahin nicht erlebt habe. Ich bin ganz sicher: Aus mancher Kandidatin hätte ein gutes Model werden können, wenn sie sich bei einer Agentur beworben hätte. Und nicht bei *Germany's Next Topmodel*.

Dass die Show junge Menschen verheizt, das stört mich am meisten. Man muss sich um junge Frauen, die ein großer Traum antreibt und die sich in der Öffentlichkeit derart exponieren, doch auch kümmern. Warum übernimmt Heidi Klum für ihre Schützlinge nicht Verantwortung und stellt zumindest ein Team von Leuten zusammen, das die Kandidatinnen während und nach der Show begleitet, berät und ihnen auf die Sprünge hilft? Sie ist doch selbst Mutter. Und hat keinerlei Hemmungen, ihre Verbindungen zu nutzen, um mit ihrer ältesten Tochter, Leni, auf dem Cover der deutschen *Vogue* zu posieren und ihr Jobs als Model zu beschaffen, ungeachtet dessen, dass Leni nicht die Voraussetzungen für ein Model mitbringt.

Alle erzählen das Gleiche: Sie dürfen mit Heidi nicht reden. Kaum ist eine Folge abgedreht, ist sie weg. Das ist wahnsinnig arrogant. Als Host trägt sie doch Verantwortung für ihre Models. Ganz abgesehen davon, dass sie ein persönliches Interesse daran haben sollte, dass die Kandidatinnen sich in ihrer Show und Umgebung wohl fühlen und gut über sie sprechen.

Nach Ausstrahlung der Staffel gibt es keine Betreuung für die Teilnehmerinnen. Dabei fangen für viele genau dann die Probleme an. Nach Ende der Show waren die drei Erstplatzierten bis 2020 für zwei Jahre an die Agentur Oneeins gebunden, alle anderen für ein weiteres Jahr an RedSeven. Oneeins gehört Heidis Vater, Günther Klum. Ein spleeniger Typ, der bis heute statt Mails lieber lange Briefe schreibt, die er versiegelt. Nachsorge, psychologische Betreuung, das Planen der nächsten Karriereschritte, Coaching, all das hat dort nicht stattgefunden.

Oneeins ist keine Modelagentur, sondern ein kleines Büro irgendwo in der Provinz mit zwei, drei Leuten, dessen einziger Zweck darin bestand, die Hand aufzuhalten, falls es doch mal eine Anfrage für eine Teilnehmerin geben sollte. Aber das passierte so gut wie nie. Sie wurden nahezu ausschließlich in Clips für *ProSieben* und die nächste Staffel eingesetzt. Dazu verpflichteten sie die Verträge.

Das führte dazu, dass viele mit großem juristischem Aufwand versuchten, sich aus diesem Vertrag herauszukämpfen: Anstatt zu sagen, okay, wir haben keine Jobs für dich, wir geben dich frei, damit du anderswo dein Glück versuchen kannst, ließen Klum und seine Juristen in der Regel nicht locker und bestanden auf Erfüllung des Vertrags. Klums Streitlust hatte allerdings Grenzen, denn er hat vermutlich kein Interesse daran, dass eine höchstrichterliche Entscheidung ergeht, die feststellt, dass seine Verträge sittenwidrig sind. Und wenn es nach endlosem Hin und Her doch gelang, den Vertrag vorzeitig zu beenden, stand manche vor dem nächsten Problem: dass sie für einen Neuanfang bei einer Modelagentur, für eine behutsame Entwicklung einer Modelkarriere inzwischen zu alt war. Zum Zeitpunkt der Show sind die meisten ja im besten Alter für einen Karriererestart.

Selbst wenn man nach der Show keine Ambitionen mehr hat im Modelbusiness, kann es schwierig werden, nach der Ausstrahlung wieder Fuß zu fassen. Eine Kandidatin hatte bis zum Start der Show als Verkäuferin bei einem großen deutschen Discounter gearbeitet und für ihr Alter dort gutes Geld verdient. Sie war sehr aufgeräumt und klar im Kopf und hatte einen Plan, der so nachvollziehbar wie logisch klang. Ich probiere das mit *Germany's Next Topmodel* aus, sagte sie sich, und wenn es nichts wird, dann kehre ich in meinen alten Job zurück. Als die Aufträge nach der Show ausblieben, entschied sie sich, wie geplant, ihren alten Job wieder aufzunehmen. Aber ihr alter Arbeitgeber nahm sie nicht mehr. Obwohl sie nichts Skandalträchtiges an sich hatte, war sie der Geschäftsführung zu prominent und zu präsent in der Öffentlichkeit, um wieder als einfache Verkäuferin zu arbeiten.

Vor einiger Zeit habe ich selbst Gespräche mit einem Sender geführt, der über ein Modelformat nachdachte, in dessen Mittelpunkt MGM stehen sollte. Ich habe abgelehnt, weil es ausschließlich um Entertainment gehen sollte. Davon braucht es nun wirklich nicht mehr. Dass Heidi Klum mit dieser Show so viel Macht gewonnen hat, ist erschreckend genug. Ich rate jeder jungen Frau davon ab, die ernsthaft Model werden will, sich bei *Germany's Next Topmodel* zu bewerben. Wer sich davon trotzdem nicht abbringen lassen will, sollte gut überlegen, wie man es anstellt, sich im Netz dieser Reality-Soap-Masche nicht zu verfangen. Sich bewusst machen, dass das Leben nach der Show weitergeht. Dass man sich über Wochen in einer psychischen Ausnahmesituation befinden wird und die Chancen gut stehen, sich vor der halben Nation zu blamieren. Wenn man zu dem Schluss gelangt, dass man das kontrollieren kann, hat man vielleicht die Möglichkeit, ein bisschen Fame abzustauben. Aber nur dann.

Innenansicht Anuthida Ploypetch

Anuthida Ploypetch war 17, als sie an der 10. Staffel von *Germany's Next Topmodel* teilnahm und den zweiten Platz belegte. Die Erfahrungen, die sie in dieser Zeit machte, waren vielleicht nicht so schmerzhaft wie die anderer Kandidatinnen. Doch sie waren so einschneidend, dass sie Jahre brauchte, um sie zu verarbeiten und ihren eigenen Weg zu finden.

Immerhin, die 16 Folgen machten sie bekannt, nach Ausstrahlung der letzten hatte Anuthida rund 150 000 Follower auf Instagram. Inzwischen sind es mehr als 400 000. Anuthida hat Kooperationen mit Unternehmen aus Fashion, Accessoires und Lifestyle. Hier erzählt sie, wie es dazu kam, dass sie sich bei *Germany's Next Topmodel* bewarb und welche Folgen das für sie hatte.

»Von heute aus betrachtet erscheint es mir geradezu surreal, dass ich einmal Teil dieser Show gewesen bin. Bis heute werde ich darauf angesprochen, und jedes Mal bin ich erstmal perplex und brauche ein paar Momente, um mich zu sammeln und an diese Zeit und die Erfahrungen zu erinnern, die ich damals gemacht habe.

Seither habe ich oft darüber nachgedacht, was mich bewogen hat, mich bei *Germany's Next Topmodel* zu bewerben. Die einzige Antwort, die mir bis heute dazu einfällt: Es war ein Ausbruch. Meine Bewerbung war der Versuch meines 17-jährigen Ichs, dieser Welt und allem, was damit zusammenhing, zu entkommen. Nur darum ging es. Ich komme aus einer Kleinstadt, aus schwierigen familiären Verhältnissen, ich war superschlecht in der Schule und in einem völlig anderen Bewusstseinszustand als heute. Das Einzige, was ich wusste, war, dass ich etwas in künstlerischer Richtung machen wollte, ohne eine genauere Idee, was das sein könnte. Darüber hinaus hatte ich keine Erwartungen. Ich habe mich da einfach reingestürzt, nichts hinterfragt. Und zu spüren bekommen, welche Konsequenzen es hat, wenn man immer Ja sagt.

Es gibt bei *Germany's Next Topmodel* zwei Sorten von Kandidaten. Die einen, die von Beginn an das Ziel haben, Influencer zu werden und die Show nutzen, um bekannt zu werden. Die anderen sind wie ich. Einfach mal schauen, was passiert und sich nicht groß Gedanken darüber machen, was mit einem geschieht, ohne abzuwägen, welche Vor- und Nachteile das haben könnte. Mit dieser Haltung ging ich da rein. Erst das Casting, dann Top 50, dann die Shootings, dann Los Angeles, immer ging es eine Runde weiter. Und auf einmal stand ich im Finale. Ich war damals komplett auf Autopilot und habe nichts hinterfragt. Wenn man aber nicht ganz bei sich ist, verliert man bei *Germany's Next Topmodel* schnell die Kontrolle.

Etwa, wenn man nicht weiß, was aus Interviews gemacht werden kann. An einem Tag hatte ich ein paar Tränen vergossen, ich weiß nicht mehr, weshalb. In der Sendung wurden diese Bilder dann in einem ganz anderen Zusammenhang verwendet. Es sah so aus, als hätte ich wegen eines Shootings geweint. Dagegen kann man nichts unternehmen. Jeder Teilnehmer unterschreibt vorab, dass er ständig gefilmt werden darf und auch mit einer ›dramaturgischen Einflussnahme‹ einverstanden ist. Wenn eine Kandidatin mal die Augen rollt, kann man sicher sein, dass dies als Kommentar zu einem anderen Mädchen verwendet wird. Wobei: Das sind harmlose Beispiele.

Jedem Mädchen wurde eine Identität verpasst. Die Zicke, die Ausgeflippte, die Bitch. Ein Image, gegen das man sich nicht wehren konnte. Gesendet wurde nur, was dieser zugewiesenen Identität entsprach. Ich war die Schüchterne. Ich habe tatsächlich eine schüchterne, introvertierte Seite an mir. Aber das ist nur eine unter vielen. Wenn ich getanzt, gelacht oder ausgelassen mit anderen herumgealbert habe, wurde das herausgeschnitten. Ich wurde immer nur als die Schüchterne gezeigt. Sicher, es gibt Schlimmeres, damit kann man leben. Aber was, wenn man als die Zicke gilt? Oder wenn jemand den Stempel abbekommen hat, die Bitch zu sein? Das zu korrigieren, ist im Nachhinein viel schwieriger. Trotzdem führte das dazu, dass ich zwei, drei Jahre lang fest daran geglaubt habe, nicht mehr zu sein als ›die Schüchterne‹. Mit der Psyche junger Menschen so zu spielen, finde ich gruselig. Es ist, als würde mit Menschenseelen gespielt.

Zum Glück habe ich schon während der Dreharbeiten gemerkt, dass es ein bestimmtes Konzept gibt, Interviews zu führen, auch, worauf sie hinausliefen. In den Fragen wurde einem Worte vorgesagt, die man von sich aus nie verwendet hätte. Passt man einen Moment lang nicht auf, übernimmt man sie und sagt etwas, was einem selbst gar nicht in den Sinn gekommen wäre. Die Aussagen, die so entstehen, werden dann genutzt, um die Identität und den Charakter, der einem verpasst wurde, zu unterstreichen. Ich empfinde das als höchst manipulativ.

Sobald mir das bewusst wurde, wurde ich bei Interviews superfrech, weil ich so formuliert habe, dass das Team damit wenig anfangen konnte. Davon wurde tatsächlich auch kaum etwas gesendet. Oft habe ich einfach auch eine Colaflasche ins Bild gehalten, wenn sie mich interviewten, weil ich wusste, dass mit solchen Bildern nichts anzufangen ist.

Im Nachhinein wurde mir auch klar, dass schon früh feststand, dass ich weit kommen werde. Beim Vorcasting kam das Team, das mich interviewte, sehr schnell an den Punkt, an dem sie wissen wollten, wie meine Familie nach Deutschland kam. Ich erzählte davon, vor allem die Geschichte mit meinem Vater stieß auf so großes Interesse, dass damals bereits die Entscheidung gefallen sein muss, sie in der Sendung zu erzählen. Mein Vater verließ meine Mutter, als ich noch ein Baby war und ging nach Amerika. Seither hatte ich keinen Kontakt mehr zu ihm.

Welche Bedeutung eine Geschichte wie diese für die Auswahl der Kandidatinnen hat, wurde mir zwei Jahre später klar, als ich das Vorcasting der 12. Staffel begleitet und mitbekommen habe, wie gezielt auf emotionale Geschichten gecastet wurde.

Für die Sendung arrangierte das Team eine Begegnung und ein Abendessen mit meinem Vater, die Kameras waren die ganze Zeit dabei. Ich war so sehr auf diesen Moment fixiert, dass ich sie gar nicht wahrgenommen und keine Sekunde hinterfragt habe, was da eigentlich im Gange ist und welche Rolle ich dabei spiele. Als ich diese Szenen später gesehen habe, war ich ziemlich perplex. ›Oh, verdammt!‹, dachte ich, ›das war alles im Fernsehen!‹ Für *Germany's Next Topmodel* war das einfach nur eine Geschichte mit ein paar emotionalen Momenten. Für mich war diese Begegnung der Auslöser, meine ziemlich komplizierte Familiengeschichte zu verstehen und zu verarbeiten. Das hat Jahre gedauert.

Die prägendste Zeit begann, als die Produktion vorbei und die Folgen ausgestrahlt waren. Die Show war wie ein Hineindippen in die Branche. Aber erst danach lernte ich, wie sie wirklich funktioniert. Das war der eigentliche Schock. Ich war überhaupt nicht darauf vorbereitet, damit umzugehen, dass Menschen mich auf einmal anders behandeln. Mit mir befreundet sein wollen, oder, auch das gibt es, nicht mehr befreundet sein wollen. Mit Medien zu kommunizieren. Fragen von Journalisten zu beantworten. Verträge zu lesen. Geschäfte abzuschließen, Businessgespräche zu führen. Mit Geld umzugehen. Das war alles neu für mich. Vorher habe ich Straßenmusik gemacht, Zeitungen ausgetragen und auf Babys und Kinder aufgepasst. Das waren bis dahin meine einzigen Erfahrungen mit Geld verdienen.

Als Zweitplatzierte bekam ich zwei Jahre lang ein Fixgehalt von Oneeins. Aber diese zwei Jahre brachten mir überhaupt nichts. Keine Modeljobs, socialmediamäßig tat sich nichts, medial auch nichts. Ich war zwei Jahre in einer Geisteragentur. Es gab keine Beratung, kein Coaching, nichts. Gleichzeitig wurde erwartet, dass ich meinem Anuthida-Status gemäß auftrete. Dafür ging das ganze Geld drauf mit der Folge, dass ich die ganze Zeit superpleite war. Mit meinen letzten 60 Euro zog ich nach Köln.

Die ersten Jahre nach der Show habe ich versucht, mich an das klassische Modelling und Influencing anzupassen, und alles genau so zu machen, was andere Menschen sich für mich ausgedacht hatten und wie man es mir vorgeschlagen hatte. Ich habe wirklich alles mitgemacht und musste erst lernen, Nein zu sagen, Grenzen zu ziehen und zu hinterfragen, wozu das dient, was man mir rät und empfiehlt. Und eine Antwort zu finden auf die wichtigste Frage überhaupt: Was möchte ich erzählen? Offenbar habe ich diese Erfahrungen gebraucht.

Ich merkte das auch daran, dass mich meine langen Haare zunehmend unglücklich machten. Sie fühlten sich irgendwann an wie ein Versteck, in dem ich es mir bequem gemacht und mich viel zu sehr an den Gedanken anderer Menschen orientiert hatte. Ein Versteck, das mich daran hinderte, mein Innerstes zu ergründen und herauszufinden, was ich eigentlich wollte. Die langen Haare, die mal bis zur Hüfte reichten, wurden zum Ausdruck meiner inneren Konflikte. Ich schnitt sie immer ein Stück kürzer, färbte sie blond und experimentierte so viel damit herum, dass sie fast kaputtgingen.

Als Britney Spears sich eine Glatze schor, war ich neun. Schon damals fand ich das sehr spannend und sah darin ein Zeichen sich nicht anzupassen, den Erwartungen anderer zu entkommen. Bis ich mir eines Tages dachte: Wovor hast du Angst? Was ist das Schlimmste, was dir passieren kann? Als ich mir im vergangenen Jahr dann die Haare abrasierte, sagten viele Menschen, das sei mutig gewesen. Nicht einmal mein Manager hatte mir abgeraten. Hätte er es getan, hätte ich ihm gesagt, dass wir uns trennen müssen, wenn er nicht vertreten will, wofür ich stehen möchte. Aber das geschah nicht.

Mit meiner Community wie mit meinen Kunden kommuniziere ich ganz offen, dass ich mich in einer Phase des Übergangs befinde. Das bedeutet auch, dass ich mich ungerne auf eine Rolle und einen Begriff festlege. Es überfordert mich bis heute, mich zu entscheiden, wer und was ich denn nun eigentlich bin. Content Creator? Model? Influencerin? Social Celebrity? Auf meinem Instagram-Account nenne ich mich a human being.

Ehe ich eine Kooperation eingehe, überlege ich genau, welche Geschichte ich erzählen möchte und wie sie aussehen soll. Und nur, wenn der Kunde darauf eingeht, sage ich zu. Sonst ergibt das keinen Sinn. Seitdem ich mir darüber Gedanken mache, wie ich kommunizieren möchte, welche Bildsprache ich verwenden möchte, und einen eigenen Stil entwickelt habe, hat das dazu geführt, dass ich mittlerweile dafür gebucht werde, Content zu kreieren, als Fotografin oder um Videos zu produzieren.

Heute würde ich einer 17-Jährigen, die wie ich vor mittlerweile sechs Jahren mit dem Gedanken spielt, Model zu werden,

vor allem raten, sich und ihren Wunsch zu reflektieren: Warum
will ich das? Kommt dieser Wunsch wirklich von mir? Oder
suche ich vor allem Anerkennung meiner Freunde und meiner
Familie? Will ich das machen, weil ich unbedingt Kleidung präsentieren möchte und weil ich mich gut bewegen kann? Oder
will ich Model werden, weil es cool ist, Teil dieser Luxuswelt zu
sein? Ich fürchte, wenn das den Ausschlag gibt, wird man schnell
feststellen, dass dieser Job einen nicht befriedigt.«

Miss Germany

Dass es durchaus möglich ist, einen in die Jahre gekommenen
Wettbewerb neu auszurichten, neu aufzuladen und so zu gestalten,
dass er in die Gegenwart passt, das hat die Familie Klemmer gezeigt. In den 20er Jahren des vergangenen Jahrhunderts wurden die
ersten Miss Germany-Wahlen veranstaltet, seit Ende der 70er Jahre
wurden sie von Horst Klemmer ausgerichtet. Die Marke Miss Germany zählt zum Inventar der alten Bunderepublik, oft belächelt,
aber lange Zeit konkurrenzlos und erfolgreich. Miss Germany war
ein sogenannter »Schönheitswettbewerb«. Ausgezeichnet wurden
junge Frauen, die von einer rein männlichen Jury bewertet wurden. Die Siegerinnen waren ausnahmslos blond und posierten mit
einer Schärpe über einem Badeanzug.

2019 übernahm Max Klemmer die Anteile seines Großvaters
und verpasste der Marke ein neues Konzept. Seither versteht sich
Miss Germany nicht mehr als Schönheits-, sondern als Persönlich-
keitswettbewerb, der starke Charaktere sichtbar machen will. Wer
teilnehmen will, muss mindestens 18 Jahre alt sein, das Durch-
schnittsalter der Teilnehmerinnen liegt bei etwa 26. Nach seiner
Neuausrichtung versteht sich Miss Germany als »Bewegung, die
Frauen unterstützt, die ihren eigenen Weg gehen, ein klares Ziel

vor Augen haben und sich für ein besseres Morgen einsetzen«, so Max Klemmer.

Aus diesem Wettbewerb gehen keine Models hervor. Aber ich finde das Konzept für all jene interessant, die sich vom Modelbusiness oder von Influencern angezogen fühlen, aber keine professionellen Ansprüche verfolgen.

Siegerin der ersten Wahl nach dem Relaunch war Leonie von Hase aus Kiel, aufgewachsen in Namibia, 35, die Mutter eines kleinen Kindes. Sie hatte Pech, dass die Wahl im Februar 2020 stattfand, kurz bevor Corona alles lahmlegte. Nahezu alle Auftritte auf Messen, in Talkshows, alle Veranstaltungen, auf denen sie über sich und den neuen Wettbewerb erzählen sollte, wurden abgesagt.

»Es gibt einen Satz«, sagt sie, »den ich sehr mag: I roll with the punches. Ich nehme es, wie es kommt. Teilgenommen habe ich, weil mir gefiel, bei etwas radikal Neuem dabei zu sein, bei dem es um die Neuausrichtung weiblicher Rollenbilder ging und darum, eine alte Marke neu zu erfinden und mit Werten aufzuladen, die in unsere Zeit passen. Eine Siegerin zu küren, wenn es um Persönlichkeit geht, ist natürlich nicht ganz logisch. Da scheint der alte Wettbewerb noch ein wenig durch. Mein Hauptanliegen war, nahbar zu sein und anderen Frauen zu zeigen, dass ich eine von ihnen bin. Und auf meinen Onlinestore für Vintagemode aufmerksam zu machen. Das hat auch geklappt, auf Instagram folgen dem Store jetzt deutlich mehr Menschen. Instagram sehe ich als Werkzeug, mich selbst aber nicht als Influencerin. Trotz Corona habe ich in dem einem Jahr, in dem ich den Miss Germany-Titel trug, eine interessante Entdeckung gemacht: Es liegt mir, zu moderieren. Das möchte ich ausbauen.«

KEEP THE BALL ROLLING

Wie Agenturen arbeiten.
Und wie der E-Commerce
neue Regeln schafft

Verträge, Geld und unseriöse Tricks

Mein Anwalt sieht es sicher anders, aber alles, was ein Modelvertrag regelt, lässt sich in fünf Zeilen sagen. Mehr als zwei Seiten umfasst er tatsächlich nicht.

Gewöhnlich besteht ein Modelvertrag aus zwei Teilen. Der erste regelt, dass die Agentur Jobs vermittelt und dafür eine Provision erhält. Der zweite, zu welchen Bedingungen die Betreuung des Models durch die Agentur erfolgt. Betreuung meint das Coaching, die Produktion von Fotos, das Buchen der Reisen, die Abrechnung der Spesen und Honorare. Außerdem ist ein Modelvertrag gewöhnlich unbefristet und nicht exklusiv.

Die Provision, die die Agentur aus den Honoraren der Models erhält, liegt zwischen 25 bis 30 Prozent. Davon muss die Agentur alle Kosten wie Miete, Löhne, Coachings, Beratung, Agenturarbeit decken. Außerdem regelt der Vertrag, dass die Agentur berechtigt ist, Vorkasse zu leisten auf die gemeinsame Karriere. Das bedeutet, dass die Agentur die Kosten für interne Shootings oder Flüge vorfinanziert und später von der Modelgage wieder abzieht.

Je nach Aufwand kostet ein Shooting zwischen ein paar hundert bis zweitausend Euro für Fotograf, Haare-Make-up, vielleicht ein paar Ausleihen. Transparent zu kommunizieren, wie diese Summe sich zusammensetzt, halte ich für sehr wichtig. Die meisten Agenturen tun das nicht und stellen Kosten in Rechnung, die das Model nicht überprüfen kann. Eine seriöse Agentur handhabt das zudem so, dass die Kosten im Rahmen dessen bleiben, was das Model tatsächlich erarbeiten kann.

Unseriös wird es, wenn bewusst Kosten produziert werden. Leider ist es gang und gäbe, dass Agenturen die Gagen der Models mit teilweise erfundenen Kosten gegenrechnen und so zusätzlich zur Agenturprovision an der Modelgage mitverdienen. Da kommt der Agenturchef und sagt: »Zeig mal die Abrechnung. Ah, sie hat 5000

Euro verdient, dann packen wir 2000 Euro Kosten drauf.« Das macht man nicht, aber es geschieht, vor allem in kleineren Agenturen.

Mit 16 oder 17 Jahren weiß man das nicht unbedingt. Und interessiert sich im Moment einer Zusage vermutlich auch nicht sonderlich für solche Tricksereien. Doch sobald junge Models merken, dass sie unfair behandelt werden und die Agentur sich an ihren Gagen bedient, versuchen viele, die Agentur zu wechseln. Ich erlebe auch immer wieder, dass 16-Jährige hier mit ihren Eltern sitzen und erzählen, dass sie eine Abrechnung von ihrer Agentur über 6000 Euro bekommen, aber nie einen Job gehabt haben.

Für den Fall, dass ein Model nicht oder nicht in dem Maße gebucht wird, wie wir uns das vorstellen, gibt es bei MGM die Regelung, dass die Agentur alle Kosten übernimmt, die entstanden sind. Es ist mein unternehmerisches Risiko, wenn es nicht gelingt, dass ein Model Aufträge bekommt. Das kommunizieren wir auch so, das gehört zum Selbstverständnis der Agentur. Ich glaube, das macht auch einen Teil unseres Erfolgs aus, das spricht sich herum. Schmutzige Tricks sind ohnehin schlecht fürs Karma.

Schützen kann sich ein Model vor solchen Erfahrungen, indem es sich vorab vernünftig informiert. Und darauf achtet, dass in seinem Vertrag eine Klausel existiert, die regelt, dass jede Ausgabe der Agentur vom Model genehmigt werden muss. In vielen Verträgen ist das relativ schwammig formuliert. Da heißt es etwa, die Agentur ist »berechtigt, entstehende Kosten zurückzufinanzieren«. Ergänzt man das um den Passus »nach Absprache mit dem Model« oder »nach schriftlicher Absprache mit dem Model«, muss die Agentur bei jeder Ausgabe vorab anfragen, ob das Model einverstanden ist. Etwa so: »Ich möchte ein Shooting für dich organisieren. Das kostet 1500 Euro. Willst du das machen? Wenn du einverstanden bist, machen wir das und ziehen die Kosten von den nächsten Gagen ab. Wenn nicht, dann nicht.« So haben wir das bei MGM jedenfalls geregelt, ich finde das ist ein fairer, transparenter Weg. Ich kann jedem angehenden Model nur dringend raten, auf diesen Klauseln zu bestehen. Lehnt eine Agentur das ab, ist sie nicht seriös.

Es gibt leider noch viel mehr solcher Unsitten. Etwa Models auf sündteure Erste-Klasse-Flüge zu buchen. Einen Limoservice zu engagieren, um sie vom Flughafen abzuholen, auf Kosten des Models natürlich. Oder auf Reisen Models in teure Appartements zu buchen, die dann zufällig dem Agenturinhaber gehören, der sich so seine Immobilien finanziert. Dass Models auf diese Weise manchmal nicht viel von ihren Gagen bleibt, nutzen manche Agenturen wiederum, um Druck auszuüben.

Die Aussicht, schnell gutes Geld zu verdienen, macht Agenturen erfinderisch. Einer meiner Mitbewerber hat eine Academy gegründet. Sie zu absolvieren ist Voraussetzung dafür, um in die Agentur aufgenommen zu werden. 1600 Euro kostet das, dafür gibt es ein wenig Coaching und Social-Media-Kurse. Ich halte das für Geldschneiderei, vermutlich hält mich meine konservativ christliche Erziehung von solchen Ideen fern.

Häufig werde ich auch von umtriebigen Steuerberatern oder Anwälten angesprochen, die Models bei der Geldanlage beraten wollen. Ich lehne solche Angebote immer freundlich ab, denn ich bin der Meinung: Was das Model mit seinem Geld macht, geht uns nichts an. Das Geld der Models ist das Geld der Models, und das Geld der Agentur ist das Geld der Agentur.

Unsere Models erhalten zu Beginn ein paar allgemeine Informationen. Wie man sich bei der Steuer anmeldet, wie man sich einen Gewerbeschein besorgt. Dass sie die Hälfte ihrer Honorare zurücklegen, um ihre Steuern zu bezahlen.

Ein weiterer Hinweis, dass eine Agentur nicht seriös wirtschaftet, ist, wenn sie die Gagen an die Models mit großer Verzögerung überweist. Meistens liegt das daran, dass vor allem kleinere Agenturen oft nicht in der Lage sind, Gagen rechtzeitig auszuzahlen, weil sie nicht genug Umsatz machen. Auf diese Weise entsteht ein

Schneeballsystem. Man nimmt das Geld der Models, um Rechnungen zu bezahlen. Und zahlt die Gage des einen Models mit der Gage eines anderen Models.

Als ich mich selbstständig machte, der Umsatz noch überschaubar und ich noch kein erfahrener Betriebswirt war, habe ich auch gemerkt, wie groß die Versuchung ist, von Modelgagen Agenturrechnungen zu bezahlen. Bis man irgendwann feststellt: Verdammt, jetzt muss ich das Model bezahlen! Ich habe zum Glück schnell verstanden, dass das zwei Geldkreisläufe sind, die man unbedingt auseinanderhalten muss: die Agenturprovision und die Modelgage, die mir nicht gehört.

Um das trennen und unterscheiden zu können, habe ich Konten bei unterschiedlichen Banken angelegt: Eines für das Geld der Models, eines für das Geld der Agentur. Mittlerweile macht MGM 11, 12 Millionen Euro Umsatz im Jahr. Das ist eine Größenordnung, in der man nicht mehr in Versuchung gerät. Aber diese kleinen Subsidenzwirtschaften tun sich schwer, diesem Kreislauf zu entkommen.

Erst wenn der Agenturmarkt bereinigt ist und nur noch seriöse, professionelle Agenturen im Spiel sind, wird es mit solchen Praktiken vorbei sein.

Junge Models sollten aufgeweckter sein und sich vorab überlegen, zu welchen Konditionen sie Verträge schließen. Ich empfehle jedem Mädchen: Geh zu einer großen Agentur, die wirklich Umsatz macht, die gut im Business steht. Und nicht zu kleinen Einheiten. Davon kann ich wirklich nur abraten.

Booker

Ein Kunde von mir sagt immer, es sind so viele Hauptschüler unter deinen Kollegen. Was er damit meint: Etliche Agenturchefs verstehen sich nicht in erster Linie als Unternehmer. Agenturchef zu sein, setzen sie in erster Linie gleich mit einem Lebensstil, der sich unentwegt selbst feiert. Modelmensch zu sein, das bestimmt ihr ganzes Leben, für sie gibt es nichts anderes. Mein Ziel war es immer, ein Unternehmen aufzubauen. Unternehmen ist angesichts der Größe von MGM vielleicht übertrieben. Sprechen wir von einer Firma. Eine Firma, die selbstständig funktioniert und Geld verdient.

MGM ist organisch gewachsen und macht beachtlichen Umsatz, weil wir von Anfang an fleißig, unauffällig und unaufgeregt gearbeitet haben und guten Service leisten. Keine Eskapaden, keine Allüren, keine Skandale. Dafür eine aufgeräumte, coole Arbeitsatmosphäre, die jedem ausreichend Spielraum gibt, sich in seinem Bereich frei zu bewegen, selbstverantwortlich zu arbeiten und Entscheidungen zu treffen.

MGM ist ein Unternehmen mit 60 Mitarbeitern. 34 davon sind Booker, sie sind das Herz der Agentur. Sie bilden die Schnittstelle zwischen Kunden und Models, bei ihnen gehen die Anfragen ein, sie wählen Models aus, schlagen sie dem Kunden vor und übernehmen die komplette Abwicklung einer Buchung. Wir nennen sie Agents, *Junior Agents* und *Senior Agents*. Als Junior steigt man ein, bei entsprechendem Können und Erfolg steigt man nach ein paar Jahren auf zum Senior Agent.

Jeder Booker arbeitet für bestimmte Kunden und Märkte. Wir haben etwa eine britische Bookerin, die kümmert sich um unsere britischen Kunden. Sie hat zehn Jahre in Manchester gelebt und kennt dort alles und jeden. Als Native Speaker hat sie es dort einfacher. Ich habe eine schwedische Bookerin, die macht den ganzen schwedischen Markt. Es gibt *E-Com-Booker*, die seit Jahren ausschließlich mit E-Commerce-Kunden arbeiten und bis ins kleinste Detail wissen, wie etwa Zalando arbeitet und funktioniert. Sie sind regelmäßig vor Ort, kennen die Studios, die Produktionszyklen, das System, nach dem dort gearbeitet wird und wissen, worauf zu achten ist. Sie kennen den Kunden mit all seinen Eigenheiten und Vorlieben, etwa, dass Models mit großen Nasen nicht gern gesehen sind, und sind im Bilde, wo die Schmerzgrenze bei den Gagen liegt. Dieses Wissen, das sie sich über Jahre erarbeitet haben, ist ihr Kapital – und das der Agentur.

Die meisten Booker sind Quereinsteiger aus artverwandten Berufen. Drei kommen aus dem Musik-Management. Einige aus dem Promi-Management, eine meiner besten Kräfte hat früher Köche wie Tim Mälzer gemanagt. Einige haben Modedesign studiert und gleich nach dem Studium angefangen, hier zu arbeiten. Und es gibt Leute mit kreativem Background, etwa aus dem Haare-Make-up-Bereich.

Viele Agents sind bei MGM schon seit Anfang an dabei, also seit 15 Jahren. Wichtig ist, dass die Altersstruktur passt. Die meisten Booker sind zwischen 27 und 37 Jahre alt. Auf diese Weise sprechen alle eine Sprache. Sowohl gegenüber den Kunden also auch gegenüber den Models. Alter ist natürlich kein Ausschlusskriterium, es gibt ja auch auf Kundenseite ältere Menschen. Hauptsache, sie sind jung und frisch im Kopf.

Wichtig ist, dass Booker ihrem Talent und ihren Fähigkeiten gemäß eingesetzt werden. Im E-Commerce-Business etwa zählt nicht so sehr, dass Booker kreativ sind, umso mehr aber, dass sie in der Lage sind, strukturiert zu arbeiten. Teilweise müssen sie mit 250 Buchungen im Monat klarkommen, das heißt, die Kommunikation mit Kunden und Model regeln, Flüge oder Züge organisieren, Abrechnungen erstellen. Da schadet es nicht, wenn ein Booker das Talent eines Buchhalters oder Steuerfachangestellten mitbringt. Genauso gibt es Kunden, die sehr kreativ sind, und immer Neues sehen wollen

Für das Model ist das Verhältnis zu Booker oder Agent von entscheidender Bedeutung. Ist es gestört oder funktioniert aus irgendeinem Grund nicht, verschlechtern sich die Aussichten, gebucht zu werden, erheblich. Die meisten Models wissen das und pflegen ihre

Beziehung entsprechend. Sind höflich, machen Geschenke und bedanken sich, dass der Agent sie beim Kunden pusht, am Wochenende erreichbar ist oder spätabends noch einen Flug umbucht.

Es gibt unter Models auch die Stresspatienten, die sich mit ihrem Booker regelmäßig in die Haare kriegen und überwerfen. Kommt es zu Auseinandersetzungen, drehen sie sich häufig um das Honorar, nach dem Muster: »3000 Euro hast du für mich rausgeholt. Wären nicht auch 3200 drin gewesen?« Oft hört sich ein Agent das nicht an. Häufen sich solche Streitereien, gibt es ein Gespräch zu dritt, und gewöhnlich lösen wir dann das Problem. Manchmal muss ein Model die Agentur auch verlassen: Der Agent sitzt am längeren Hebel.

Agentur

Neben dem Booking gibt es bei MGM weitere fünf Abteilungen. Im *New Faces Department* machen angehende Models ihre ersten Schritte und Fototests und werden behutsam an den Modeljob herangeführt. Aufgabe der beiden Mitarbeiter der *Bildbearbeitung* ist es, die besten Fotos unserer Models für Setcards und Homepage auszuwählen und zu optimieren. *Social Media,* inzwischen auf drei Leute angewachsen, beobachtet die Accounts unserer Models und Influencer und berät sie bei Gestaltung und Strategie. Angegliedert an das *Accounting*, die Buchhaltung, ist die Abteilung *Usage Rights*, Nutzungsrechte. Dort geht es ausschließlich darum, welcher Kunde welche Bildrechte für welchen Zeitraum einkauft, und das zu kontrollieren. Was in vielen anderen Agenturen *Scouting* genannt wird, heißt bei uns *International Affairs*. Wir nennen das so, weil der Austausch mit Partneragenturen für uns noch wichtiger ist als das klassische Suchen und Finden neuer Gesichter, wie es unsere *Streetscouts* praktizieren. Zwei International Affairs-Mitarbeiter machen nichts anderes als durch die Welt zu reisen, reihum unsere Partneragenturen zu besuchen und sich mit ihnen auszutauschen: Was habt ihr an neuen Models? Wer ist besonders gut gebucht? Gibt es neue Kunden? Seht ihr neue Trends? Wo gibt es Schnittmengen? Sie beobachten und kontaktieren junge, neue Agenturen, wenn sie uns interessant erscheinen. Sie veranstalten Castings in Russland, in der Ukraine, im Kaukasus oder in Südamerika.

Partneragenturen

Keine Agentur, auch nicht die größte, ist in der Lage, den internationalen Markt alleine zu beackern. MGM arbeitet deshalb wie jede ambitionierte Agentur weltweit mit einer Reihe von Partneragenturen zusammen. Anders als bei Werbeagenturen, die oft auch formal zu einem Agenturnetzwerk zusammengeschlossen sind, bilden Modelagenturen lockere Netzwerke, die sich pausenlos verändern und erneuern, je nachdem, wie gut man zusammenpasst und arbeitet.

Wir haben in jeder der großen Modestädte zwei, drei Agenturen, mit denen wir kooperieren. Vor allem natürlich mit den großen. Die großen Agenturen arbeiten mit den großen zusammen, die kleinen mit den kleinen. Wir sind etwa sehr eng mit Elite in New York und einigen Filialen in anderen Städten. In Los Angeles arbeiten wir mit zwei Agenturen zusammen. Next etwa hat ein sehr gutes Influencer-Board. Einige ihrer Influencer vertreten wir auf dem europäischen Markt. Und wenn Influencer von uns auf dem amerikanischen Markt Fuß fassen wollen, übergeben wir sie an unsere Kollegen dort. Auch zu IMG haben wir einen sehr guten Draht. Viele Models wissen das und wollen aus diesem Grund zu MGM: weil sich ihnen so die Chance bietet, eines Tages auch für große amerikanische Kunden zu arbeiten.

Ein großer Kunde von uns ist Seafolly, eine Bademodenmarke aus Australien. Wenn Seafolly eine Kampagne plant, wenden sie sich direkt an uns in Deutschland. Entscheiden sie sich für Models von MGM, schicken wir sie nach Australien und übergeben sie für die Dauer der Buchung an unsere Partneragentur. Das bedeutet, dass sie von unserer Partneragentur vor Ort betreut werden. Dafür bekommt die Partneragentur eine Provision, die *Mother Agency Commission*. Man spricht auch von *Share Fee*. Es kommt aber auch vor, dass der Kunde sich für ein Model einer unserer Partneragenturen entscheidet, dann bekommen wir die Share Fee. Und wenn eines unserer Models vorhat, den australischen Markt zu erobern, wird es in Sydney von unserer Partneragentur vertreten. Als Mutter-Agentur bekommen wir in diesem Fall für jede Buchung eine Share Fee.

Auch für Kate Upton erhält MGM bis heute Share Fees. Ich habe sie entdeckt, als sie 14 war. Sie lebte mit ihren Eltern damals in Michigan und kam mit ihrem Vater zu Besuch nach Hamburg und stellte sich bei MGM vor. Ich fand sie sofort gut. Sie sah natürlich noch kindlicher aus, aber sie hatte bereits diesen Barbie-Look. Ich fand das total cool, viele in der Branche hielten das für trivial und blöd. Ich werde nie die Kommentare von so manchen deutschen Möchtegernkreativfotografen vergessen. »Marco«, hieß es damals abfällig, »schickt seine blonde Tittenmaus durch die Gegend«. Wir bauten sie auf, sie fing an, in Deutschland zu modeln und wurde bald viel gebucht und verdiente sehr viel Geld.

Als sie zurück in die USA ging, habe ich sie bei Elite in New York platziert, MGM blieb aber ihre Mutteragentur. Wer sie in den USA buchen wollte, musste also in Hamburg anrufen.

Als sie 2012 und 2013 zweimal hintereinander Covergirl der Swimsuit-Edition von *Sports Illustrated* war, wurde dieses Modell zu kompliziert. Kate wurde in den USA richtig famous und ein Superstar. Von da an benötigte sie eine lokale Agentur. Ich habe sie dann umplatziert, von Elite zu IMG. Jetzt ist sie 29 und eine Celebrity mit einer Tagesgage von 40 000 Dollar. Und MGM bekommt bis heute für jede Buchung eine Share Fee, weil wir nach wie vor ihre Mutteragentur sind.

Entscheidend an diesem System ist die Wahl der Agentur. Wir sind sehr anspruchsvoll und beschränken uns darauf, mit den jeweils drei größten Agenturen eines Landes zusammenzuarbeiten. Eines meiner Models wollte vor kurzem unbedingt nach Mailand, um dort zu leben und Jobs zu machen. Gegen meinen Rat ging sie zu einer Agentur, die nicht auf unserem Level agiert. Und kehrte nach ein paar Monaten enttäuscht zurück, sie wurde kaum gebucht. Ein anderes unserer Models arbeitete fast zeitgleich ebenfalls in Mailand, bei einer Agentur, mit der wir kooperieren. Ihr Plan ging auf, sie bekam Anfragen für mehrere große Kampagnen.

Selbstverständnis

Als Schüler machte ich mal einen Ferienjob in einem Fahrradladen. Der Inhaber war 70, zusammen mit seinem Sohn führte er den Laden. Der Sohn hatte nur einen Arm, reparierte aber trotzdem die Fahrräder. Mit mir waren wir zu dritt, und der Plan war, dass ich die Fahrräder repariere. Das klappte aber nicht, ich war einfach zu ungeschickt. Da meinte der Sohn zu mir: »Du bist so ein Dödel. Du gehst in den Verkauf, Papa macht die Abrechnung. Ich mache die Werkstatt.« So machten wir es und so lief es. Abends sagte der Alte zu mir: »Ich habe in meinem ganzen Leben noch nicht so viel von diesem Zeug, diesem Schaum, den man auf die Reifen sprüht, verkauft, seitdem du hier bist.« Ich habe jedem Kunden gesagt: »Wenn Sie nicht mehr wegen eines Plattens wiederkommen wollen, müssen sie diesen Schaum kaufen.« Ständig mussten wir das nachordern. Der einarmige Sohn reparierte die Räder, und abends saßen wir dann zu dritt vorm Laden und tranken ein Bier. Das war so eine nette, tolle Unternehmenskultur. Alle per Du, alle freundlich, alles nett und vertrauensvoll. Als junger Mensch habe ich dort super gerne gearbeitet und fühlte mich dort gut aufgehoben. Erst später habe ich verstanden, wie wichtig das ist, um auch viel zu leisten. Ich denke immer wieder an diese Geschichte, sie ist nicht nur eine schöne Erinnerung, sondern eine prägende Erfahrung.

Mittlerweile bin ich fest davon überzeugt, dass der Schlüssel zum Erfolg einer Agentur darin liegt, seinen Mitarbeitern zu vertrauen, und sich darauf zu verlassen, dass es funktioniert. Zugegeben, es fiel mir anfangs schwer, zu delegieren. Aber inzwischen schätze ich es, nicht pausenlos den großen Zampano geben zu müssen und zu wissen, dass es läuft, auch wenn ich nicht da bin.

Aber mein Team weiß auch, dass ich bei Entscheidungen immer auf meinen Bauch höre. Wenn mir die kleinste Kleinigkeit nicht passt, dann sage ich Nein. Natürlich liege ich damit nicht immer richtig.

Meine Motivation mit MGM war nie finanzieller Art. Bestimmte Umsatzmarken zu knacken, hat mich nie angetrieben, sondern allein, eine Agentur aufzubauen, die meinen Vorstellungen entspricht. In erster Linie beschaffen wir Jobs, sind also Arbeitsvermittler. Das bedeutet, eine gute Agentur ist immer auch Anwalt, Coach, Lebensberater und Korrektiv seiner Models.

Gut ist eine Agentur, wenn sie über dreierlei verfügt: über eine gute Auswahl an schönen Models, renommierte Kunden sowie ein Management, das sowohl mit Kunden als auch mit Models professionell umgeht.

Gut bedeutet, dass eine Agentur international arbeitet, bestens vernetzt ist und als Hot Player wahrgenommen wird. Dieser Anspruch geht zum einen auf meine Zeit in Mailand, Paris und New York zurück, hat aber auch mit der Mentalität deutscher Kunden zu tun. Wo immer ich in den vergangenen Jahren in Deutschland auf Kundenbesuch war, hieß es, es laufe schlecht, viele klagen aus Prinzip. Ganz im Gegensatz zu vielen Labels und Marken, mit denen wir in Europa, Australien, und den USA zusammenarbeiten.

Zum Selbstverständnis einer guten Agentur zählen für mich auch Stilfragen. So wie früher jeden Abschluss zu begießen und zu feiern, das entspricht nicht mehr dem Zeitgeist. Es klingt vielleicht seltsam, aber es nervt, mit jedem Champagner trinken zu gehen. Und jede geschäftliche Beziehung auf eine persönliche Grundlage zu stellen. Auch die meisten unserer Kunden schätzen es, sachlich und cool zusammenzuarbeiten. Manche wollen mich gar nicht kennenlernen, und ich sie oft auch nicht. Wir konzentrieren uns darauf, dass Dinge schnell geklärt werden und das Business sauber läuft. Auf beiden Seiten sitzen Menschen um die dreißig, die übervoll sind mit Arbeit und es wichtiger finden, nach dem Job mit ihrem Boyfriend was zu kochen, als abends mit Kunden einen trinken zu gehen.

Meine Booker gehen das Business viel pragmatischer an, mit viel weniger Drama als damals, als ich begonnen habe, als Booker zu arbeiten. Sie reden auch viel weniger.

»Ist sexy.«
»Ist cool.«
»Kannst du buchen.«
»Okay, sehe ich auch so.«
»Danke, tschüss«.

So hört sich das an, kurze, knappe Vokabeln. Wenn es richtig rundgeht, fühle ich mich unter meinen Bookern wie ein Dirigent, der unentwegt Entscheidungen trifft. »Ja.« »Nein.« »Auf keinen Fall.« Es ist ein cooles Business geworden, bei MGM jedenfalls. Keep the ball rolling, das ist das Wichtigste. Wegen 2000 Euro können wir nicht ewig diskutieren. Der Ball muss immer in Bewegung sein. Ich mag diese Art zu arbeiten sehr. Auch, weil sie mir mehr Zeit für mich und meine Familie lässt.

Ich mag auch keine penetrante Akquise. Kunden sollen aus freien Stücken zu MGM kommen und weil die Qualität für uns spricht. Wenn ein Kunde sich nicht zurückmeldet, dann haben wir etwas falsch gemacht, ihm nicht die richtigen Models geschickt. Nach einem Vierteljahr kann man sich dann wieder melden. Es gibt in dieser Branche sehr akquisegeile Leute, die den ganzen Tag Kunden anrufen und akquirieren. Das ist nicht Akquise, das ist Körperverletzung. Und very old school.

Ein anderer Punkt, der mir wichtig ist: keine Buchung um jeden Preis. Wenn wir uns mit einem Angebot unwohl fühlen, machen wir es nicht. Was zählt, ist Qualität und eine saubere, schnelle Abwicklung. Das ist wichtiger als der Umsatz.

Und das Wichtigste: Junge Mitarbeiter, die schnell, gut und ohne jedes Getüdel arbeiten. MGM ist auch deshalb erfolgreich, weil alle Agents, alle Scouts, das ganze Team, die Werte der Agentur verinnerlicht haben.

Der deutsche Agenturmarkt

Klingende Namen, hübsche Logos und Homepages mit jungen Gesichtern haben viele Agenturen. Für Außenstehende ist es deshalb schwierig zu erkennen, wie groß eine Agentur ist, für welche Kunden sie arbeitet, wie ihr internationales Netzwerk aussieht und wie es um ihr Renommee bestellt ist. Gut zu wissen, ist Folgendes:

Hamburg und München waren früher die wichtigen Agenturstädte, inzwischen wurde München von Berlin abgelöst. München spielt keine Rolle mehr, vor allem, weil es nach der Pleite von

Escada dort keine nennenswerten Fashionlabel mehr gibt. Zalando sitzt in Berlin, Otto in Hamburg.

Neben MGM gibt es vier große Agenturen, bis auf eine haben alle ihren Hauptsitz in Hamburg. Drei davon, Model Management, Mega Models und Louisa Models wurden in den 90er Jahren gegründet, groß und erfolgreich. Alle drei sind inhabergeführt, alle drei Chefs sind im Rentenalter, alle drei haben das Business eng mit ihrer Person verknüpft und genießen es bis heute, selbst im Mittelpunkt zu stehen. Einer bezeichnet sich als Modelpapst. Doch der Kult um Agenturchefs ist genauso vorbei wie der Kult um die Big Five, die Supermodels der 80er Jahre. Alle diese Agenturen sind in die Jahre gekommen, zehren vom Ruhm der Vergangenheit. Sie halten sich noch, doch den Zeitgeist haben sie nicht mehr auf ihrer Seite.

In Hamburg gibt es eine große Agentur, die seit vielen Jahren von einer Frau geführt wird. Vor ihrer Leistung habe ich große Achtung. Sie hat eine sehr große Agentur aufgebaut, viele gute Models gefunden und war immer sehr fleißig. Allerdings macht sie auf mich den Eindruck, als ob sie mit dem Business abgeschlossen hätte. Wie auch die vier anderen ist mir das eine Warnung, rechtzeitig aufzuhören. Modelbusiness ist ein junges Geschäft, man kann das nicht ewig machen. Irgendwann muss man Platz machen für Neues und Jüngere.

Kleine Agenturen, die gut und relevant sind, gibt es nur sehr wenige. In München etwa gibt es eine, die einen guten Job macht. Es gibt kleine Agenturen, die sich spezialisiert haben. Etwa mit der Idee, nur Männer zu vertreten. Und damit erfolgreich waren, bis sie damit begonnen haben, auch Frauen zu vertreten. Viele kleine Agenturen sind während der Pandemie gewaltig ins Trudeln gekommen, weil sie keine Struktur haben und die Kunden das mitbekommen haben.

Auch Agenturen, die sich neu gründen, sind in der Regel kleinste Einheiten, die aus zwei, drei Leuten bestehen. Häufig sind das junge

Booker, die sich selbstständig machen und drei, vier, fünf gute Models vertreten und versuchen, damit am Markt zu bestehen. Aber sofern sie nicht stark expandieren, werden sie nie Managementkapazitäten wie MGM bieten können, auch nicht das internationale Netzwerk. Zur Erinnerung: Allein der Aufbau und die Pflege weltweiter Kontakte beschäftigt bei uns eine ganze Abteilung.

Wenn man als Model professionell arbeiten möchte, sollte man vor allem eines wissen: Wenn die drei, vier großen Agenturen einen ablehnen, sollte man das akzeptieren. Denn die Aussichten, dennoch eine Karriere zu starten, sind ausgesprochen gering. Zwar gibt es dann immer noch vierzig, fünfzig Agenturen, bei denen man es probieren kann, und eine davon wird einen vielleicht auch aufnehmen. Aber dort macht niemand Karriere. Manche dieser Miniagenturen verlangen Geld dafür, dass sie einen in ihre Kartei aufnehmen. Spätestens an diesem Punkt sollte man aussteigen. Weil es unseriös ist und keinen Sinn macht.

Es gibt Mädchen, die kommen zu mir, nachdem wir sie abgelehnt haben und erzählen so stolz wie trotzig, dass sie eine Agentur in Frankfurt gefunden haben. Eine Agentur, die kein Mensch kennt. Das bringt nichts. Wenn große Agenturen sagen, es passt nicht, dann passt es nicht. Model werden um jeden Preis, das funktioniert nicht.

Auch ein Model im Ausland bei einer kleinen Agentur zu platzieren, wenn große Partneragenturen sie ablehnen, ist wenig sinnvoll. Ich hatte vor kurzem den Fall eines Models, das in Paris gut gearbeitet hat und nun unbedingt nach London wollte. Der Modelmarkt in London aber ist ganz anders als in Paris. Wir haben eine kleine Agentur für sie gefunden, die großen haben sie alle abgelehnt. Jetzt ist sie in London und sehr unglücklich, weil sie keine Jobs hat.

Models haben oft auch den Wunsch, in der Agentur jemanden zu haben, der nur für sie da ist, eine Freundin, die immer erreichbar ist, eine Art Kummerkasten. Aber das geht nicht, jedenfalls nicht bei einer großen Agentur. Es gibt kleine Agenturen, die das bieten. Dort sitzt dann ein Mensch in seiner Wohnung oder einem Minibüro, zieht eine One-Man-Show auf, ist immer ansprechbar, hat aber nur fünfzig Models unter Vertrag und oft nur wenige Jobs zu verteilen. Es mag arrogant klingen, aber solche Läden sollte man nicht Agentur nennen.

Castingagenturen

Im Gegensatz zu Modelagenturen vertreten Castingagenturen all diejenigen, die bei einer Modelagentur durchs Raster fallen, weil sie die Voraussetzungen nicht erfüllen. Lustige Typen, Charakterköpfe, Frauen und Männer mit einem guten Look oder gut aussehende Mädchen mit einem schönen Lachen, die 1,60 Meter groß sind, die man für einen Werbespot für Capri Sonne einsetzen kann. Die müssen nicht 1,76 Meter groß sein und bei MGM 5000 Euro kosten. Da nimmt man sich jemand aus einer Castingagentur, der gut und telegen ist. Auch Nischenmodels wie Handmodels werden über Castingagenturen gebucht, ebenso Models für Torsenfotos, Bilder auf denen nur der Oberkörper zu sehen ist, aber nicht der Kopf des Models.

Vor allem Werbeagenturen, Fernsehsender und Filmproduktionen nutzen Castingagenturen. Sie arbeiten auch anders als Modelagenturen. In der Regel macht man dort zu Beginn einige Fotos für die Kartei. Und irgendwann bietet die Agentur dann Jobs an. Aber es gibt kein Coaching, kein Training, keine Developement. Die meisten Castingagenturen arbeiten lokal und vermitteln Jobs, in denen geringere Gagen gezahlt werden als im Modelbusiness üblich. Mit einem Job kann man dort zwischen 300 und 900 Euro verdienen. Oft lassen sich auch ältere Models in einer Castingagentur registrieren.

Manchmal versuchen Kunden, ganz schlau zu sein. Dann rufen sie zunächst in der Modelagentur an und sobald sie erfahren haben, dass für das Model ihrer Wahl 4000 Euro Tageshonorar fällig ist, probieren sie es bei einer Castingagentur. Dort bekommen sie dann zwar ein günstigeres Angebot, aber wenn sie Pech haben, eines, das nicht ihre Ansprüche erfüllt. Und dann rufen sie wieder an und fragen, ob das Model vielleicht für einen halben Tag verfügbar sei. Die Antwort lautet dann: Für einen ganzen Tag könnt ihr sie buchen. Und eigentlich müsstet ihr noch eine Strafe bezahlen, denn ich weiß, was ihr gemacht habt.

Darüber hinaus gibt es auch noch Kinderagenturen. Es gibt Eltern, die dort ihre Töchter anmelden, und über die Jahre kommen dann Honorare in Höhe von vielleicht 10 000 Euro zusammen. Auch in dieser Nische gibt es eine Handvoll seriöser Agenturen.

Velma

Wer versucht, sich einen Überblick zu verschaffen über deutsche Modelagenturen, wird beim Googeln irgendwann auf die Homepage der *Velma* stoßen, dem *Verband der lizenzierten Modelagenturen*. Der Name geht zurück auf eine Zeit, in der es einer Genehmigung der Bundesagentur für Arbeit bedurfte, um eine Modelagentur zu gründen. Sie endete vor 28 Jahren. 1994 wurde das staatliche Vermittlungsmonopol liberalisiert, seither bedarf es keiner Lizenz mehr, um eine Agentur zu gründen. Dass der Verband mit seinem Namen auf diese längst überholte und nicht mehr gültige Regelung verweist, dafür gibt es nur eine Lesart: Er nimmt sich wichtiger, als er tatsächlich ist und versucht den Anschein von Seriosität zu wecken. Die Velma würde sich gerne als Verband verstehen, der die Interessen seiner Mitglieder gegenüber der Öffentlichkeit, der Politik, den Medien und den Behörden vertritt und die Rahmenbedingungen verhandelt, zu denen Agenturen mit ihren Kunden Geschäfte machen, so wie es in anderen Branchen auch üblich ist.

Bedauerlicherweise ist er dazu nicht imstande. Er scheitert an seiner Größe, seinen Mitgliedern und an seinem Vorsitzenden. Ganze 18 Modelagenturen sind Mitglied der Velma, ein Klüngel aus überwiegend alten und kleinen Agenturen, die nicht wahrhaben wollen, dass im Modelbusiness mittlerweile nach anderen Regeln gespielt wird als vor zwanzig Jahren.

Darunter auch eine Agentur, deren Chefin verurteilt wurde, weil sie mit etlichen ihrer Models falsch abgerechnet und sie um Teile ihres Honorars betrogen hatte.

Heraus kam das, als ein Model bei einem Shooting zum Kunden gesagt hat: »Sie könnten mich ruhig besser bezahlen«. Der Kunde antwortete: »Mit 3000 Euro bist du doch gut bezahlt.« Das Model war überrascht: »Wieso 3000? Ich weiß nur von 2200.« So kam das ins Rollen, etliche Fälle, in denen die Agentur nicht das volle Honorar an die Models weitergab, kamen hinzu. Die Agenturchefin verteidigte sich mit dem Hinweis, diese Praxis sei üblich. Damit hatte sie wiederum recht. Nur eben nicht zulässig. Velma hat darauf nie reagiert, die Agentur und Louisa Models ist bis heute Mitglied der Velma.

Größere Agenturen wie MGM oder auch jüngere Agenturen haben also guten Grund sich zu distanzieren. Auch etliche Kunden nehmen die Velma nicht ernst. Sie sehen nicht ein, dass Agenturen, die einen Jahresumsatz von vielleicht 300 000 Euro haben, Regeln festlegen, die für eine ganze Branche gelten sollen.

Völlig unerträglich macht die Velma die Figur ihres Vorsitzenden. Dirk-Rainer Finkenrath, ein Anwalt, der in der Vergangenheit für die AfD kandidierte, hat den Verband gegründet und ist sein Geschäftsführer. In erster Linie hat er mit dem Verband ein Geschäftsmodell für sich selbst etabliert, indem er als Anwalt auftritt, sobald er an irgendeiner Stelle Rechte der im Verband organisierten Agenturen verletzt sieht.

Wir sind juristisch bereits einige Male aneinandergeraten, ich komme darauf zurück. Finkenrath ist die denkbar schlechteste Galionsfigur für die Modelbranche.

Dass es keinen Branchenverband gibt für alle Agenturen, die seriös arbeiten, finde ich höchst bedauerlich. Ich habe mehrfach junge Leute erlebt, die sich bei uns vorstellen und von Agenturen abgezockt wurden, die Mitglied der Velma sind. Wenn eine 16-Jährige vor mir sitzt, mir ihre Abrechnungen zeigt und daraus hervor geht, dass 8000 Euro Honorar 5000 Euro an Kurier- und anderen dubiosen Kosten gegenüberstehen, und diese Abrechnung von einer Velma-Agentur stammt, macht mich das wütend. Dass die Velma solche Agenturen aufnimmt und vertritt, ist skandalös. Eigentlich müsste sich ein neuer Verband gründen, der seinen Mitgliedern das Gefühl vermittelt, sie gut zu vertreten. Die Notwendigkeit ist größer denn je, weil es heute viel mehr kleine Agenturen gibt als früher. Schließlich geht es um die Interessen von jungen, oft minderjährigen Menschen.

Agenturmarkt international

International dominieren einige große Netzwerke. Am größten ist das von Elite, 38 Büros gibt es weltweit. Diese Zahl erklärt sich durch ein Franchisesystem, das Elite etabliert hat. Das heißt, man kann sich eine Lizenz kaufen, ein Büro eröffnen und mit dem Namen Elite arbeiten. In Europa hat Elite seinen Hauptsitz in Paris, in den USA in New York. 1983 hat Elite den Modelwettbewerb *Look of the Year* gegründet, seit 1995 heißt der Contest *Elite Model Look*.

IMG steht im Ruf, die beste Agentur weltweit zu sein. Ursprünglich hatte IMG Sportler vermarktet. Sie haben Büros in London,

Mailand, Paris und New York und achten sehr auf Qualität. Sie haben viele Superstars unter Vertrag wie Gigi und Bella Hadid, Gisele Bündchen oder Ashley Graham. Dort aufgenommen zu werden, ist sehr schwierig.

Global aufgestellt ist auch Next, ein Netzwerk mit Büros in den großen Modestädten, New York, Los Angeles, London, Paris, Mailand und Miami. Und ich würde auch noch Women dazu zählen. Women, eine Agentur aus Mailand, hat inzwischen auch ein großes Netzwerk mit Filialen in Paris, New York und Los Angeles. Als die großen Drei gelten Elite, IMG und Next. Ford Models hat zwar noch einen klangvollen Namen, aber nicht mehr den Einfluss wie früher. Die Agentur zehrt von ihrem Ruhm aus den 80er Jahren, damals etablierte Eileen Ford auch den Wettbewerb *Supermodel of the Year*.

Als einziges der großen Netzwerke arbeitet IMG mit keiner deutschen Partneragentur. Mit Next und Elite gibt es viel Austausch, mal mit den einen, mal mehr mit den anderen. Das wechselt immer so ein bisschen.

Die Büros eines Netzwerks sind vergleichbar mit einer großen Kanzlei und ihren Niederlassungen. Der Ruf jeder Filiale hängt stark von der Performance der Leute ab, die dort arbeiten.

Elite in Mailand etwa ist okay, Paris ist gut, New York ist wieder gut, nachdem sie völlig in Vergessenheit geraten waren. Next in New York ist keineswegs eine gute Agentur, in London sind sie wieder sehr gut. In Paris sind sie okay und in Mailand sehr gut. Women ist in Paris sehr, sehr stark, in Mailand sehr stark, aber nicht in New York. IMG ist überall relativ gut aufgestellt, konzentriert sich dabei aber auf das Geschäft mit den ganz großen Namen.

Dass die großen Netzwerke keine Büros in Deutschland haben, hat zwei Gründe. Zum einen gab es früher ein Überangebot an Agenturen, so dass es keinen weiteren Bedarf zu geben schien. Zum anderen ist Deutschland für Agenturen aus den großen Modeländern kein spannender Markt. Sich mit den lokalen Agenturen auszutauschen, reicht in ihren Augen völlig aus.

Darüber hinaus gibt es in allen Modestädten sehr gute, unabhängige Solitäragenturen wie MGM, die auf ihrem Markt stark sind. Die beste unabhängige Agentur ist für mich Whynot? in Mailand, sehr gut ist auch City in Paris.

Italien, Russland

In Italien gibt es eine Sorte von Agenturen, wie man sie in Deutschland und anderswo nicht kennt. Sie gehören sehr reichen Geschäftsleuten, die sich eine Agentur als eine Art Hobby leisten, um sich im Glam der Models zu sonnen. Das tägliche Geschäft überlassen sie ihren Angestellten, in Erscheinung treten sie vor allem auf Partys. Dann laden sie ihre Geschäftsfreunde zu einem Wochenende nach Portofino ein und feiern auf ihrer Yacht in Gesellschaft der konzerneigenen Models.

Als ich jung und noch neu in diesem Business war, fand ich diese Mischung aus Reichtum, gut aussehenden Models und wildem Glamourlife für eine Weile ganz cool. Heute weiß ich, dass es genau diese Momente sind, in denen man aufpassen muss. Als Agenturchef genauso wie als Booker. Unsere Models warnen wir davor, auf solche Angebote einzugehen.

Der russische Markt ist allein deshalb interessant, weil er riesig ist. Doch etliche Agenturen dort sind sehr speziell. Da weiß man oft nicht, ob es sich um eine Modelagentur handelt oder doch um einen Escort-Service. Das hat häufig einen schmuddeligen Touch. Wie Agenturchefs im Osten Europas ihren Job verstehen, habe ich erst erfahren, als ich sie besucht habe.

In Bulgarien wurde ich einmal von einem glatzköpfigen Muskelprotz vom Flughafen abgeholt. In einem tiefergelegten BMW brachte er mich zu seinem Chef, dem Inhaber einer Modelagentur, die Kontakt mit uns aufgenommen hatte und mit uns zusammen arbeiten wollte. Er sah aus wie das Klischee eines Mafioso. Als er mich begrüßte, lag eine dicke Linie Koks vor ihm auf dem Tisch. Wie in einem schlechten Film. Schon nach ein paar Sätzen war klar, dass sein Geschäftsmodell in Richtung Menschenhandel ging. Überflüssig zu erwähnen und nur der Vollständigkeit halber sei bemerkt, dass solche Leute und Agenturen als Partner nicht in Frage kommen.

Asien

Noch größer ist der asiatische Markt. Doch bislang ist es noch keinem der großen Agenturnetzwerke aus Europa oder den USA gelungen, sich dort zu etablieren. Zum einen, weil die lokalen Agenturen den Markt dominieren, zum anderen, weil es viele Unwägbarkeiten gibt und es mit vielen Risiken verbunden ist, sich dort zu engagieren. Kann man dort dauerhaft unbehelligt arbeiten? Wird man genötigt, Kooperationen einzugehen? Muss man damit rechnen, eines Tages verstaatlicht zu werden? Es gibt dazu viele mahnende Stimmen.

Kunden

Deutschland ist wirtschaftlich ein starkes Land, aber die Mode-industrie hat im Vergleich zu Italien oder Frankreich nie eine große Rolle gespielt. Das ist bis heute so. Deshalb war es mir von Anfang an wichtig, dass MGM weltweit für Fashion- und Beauty-Unternehmen arbeitet. Die Hälfte unserer Kunden stammt aus Europa, den USA und Australien, die andere Hälfte aus Deutschland.

In Deutschland arbeiten wir für Kunden wie die Otto-Group, C&A, Esprit, S.Oliver, Triumph, Olymp, Zalando, Tchibo und für die Magazinwelt. Im Ausland für große Textilgiganten wie Zara, die Inditex-Group, H&M, für große Online-Player wie Asos, Luisa-ViaRoma, Farfetch und Net-a-porter. Große Modehäuser wie Louis Vuitton, Chanel, Dior, Dolce&Gabbana und Fendi buchen unsere Models vor allem für Kampagnen und *Lookbooks*. Wir arbeiten mit Sportmarken wie Adidas, Puma, Nike und Decathlon in Frankreich zusammen. Mit Online-Shops wie Stay Hard und Na-kd aus Schweden, klassischen Versendern wie Sports Direct in Großbritannien und britischen Marken wie Top-Shop, Primark und Burberry. In Australien ist der Swimwearhersteller Seafolly unser größter Kunde, in den USA arbeiten MGM-Models für Victoria's Secret, Supreme oder Off White. Yamei ist ein Kunde genauso wie Intimissimi, La Perla und Palmers. Unsere Models arbeiten für alle großen Magazine wie *Vogue, Elle, Harper's Bazaar* oder *Sports Illustrated* und laufen auf Shows in Paris und Mailand. Ob unsere Kunden Models für TV-Spots suchen, für Kampagnen, Look-Books oder Shows: Wir machen alles.

Mit den Kunden ein gutes Verhältnis zu haben, ist für eine Agentur natürlich immens wichtig. Das bedeutet, regelmäßige Treffen, regelmäßig Essen gehen, aber in einem ganz anderen Maß, als das früher üblich war. Meistens ist das mein Job. Vor allem aber geht es darum, guten Service zu bieten, freundlich zu sein und tolle Veranstaltungen zu machen.

Einmal im Jahr etwa veranstalten wir sogenannte *Casting Days*. Das ist eine Art Modelmesse, rund 150 Kunden haben die Gelegenheit, rund 200 unserer Models kennenzulernen. Vor fünf Jahren haben wir das zum ersten Mal veranstaltet, es kostet irre viel Geld, aber alle Beteiligten schätzen es. Die Kunden bringen ihre neuen Kollektionen und Produkte mit, können Models live sehen, ein Fitting machen und sich einen persönlichen Eindruck verschaffen. Kundenpflege ist nicht nur für die Agentur wichtig, auch für die Models. Denn auch sie sind unsere Kunden, die wir genauso an Bord behalten wollen wie die großen Fashion Brands und E-Commerce-Kunden.

Das bedeutet auch, dass wir als Agentur reagieren müssen, wenn die Bedingungen sich ändern, unter denen Kleidung produziert, vermarktet und verkauft wird. Ein Beispiel: Nichts hat die Branche so stark verändert und vor allem beschleunigt wie der E-Commerce. Mehr Produkte müssen in weniger Zeit in immer kürzeren Abständen fotografiert werden. Im Gegensatz zu früher, als Fotos in Katalogen oder Lookbooks erschienen, die für bestimmte Märkte konzipiert wurden, erscheinen die Bilder der Online-Versandhändler nun gleichzeitig auf vielen Märkten. Daraus entstand eine Debatte, wie künftig mit den Bildrechten verfahren werden soll.

Bis dahin war es so: Das Model erhielt seine Tagesgage und obendrauf nochmals Buyouts, je nachdem, wo und wofür die Motive eingesetzt wurden. Dafür gab es eine Tabelle, mit deren Hilfe man genau berechnen konnte, wieviel die Nutzung der Bildrechte in verschiedenen Märkten kostet. Die Rechte für einen Riesenmarkt wie dem US-amerikanischen sind teurer als für Deutschland, Österreich und die Schweiz, Rechte für TV-Spots teurer als für Anzeigenmotive in Magazinen. Hat eine Agentur etwa ein Model für einen TV-Spot vermittelt, dann bekam das Model seine Grundgage für den *Working Day*, und je nachdem, wo der Spot ausgestrahlt wurde, kam das sechs-, sieben oder auch zehnfache der

Gage obendrauf. Diese Rechte mussten erneuert und nachgekauft werden, solange der Spot lief.

Doch je stärker der Onlinehandel wurde, umso weniger Sinn ergab dieses Modell. Die Kunden verlangten Buyouts, globale Nutzungsrechte für lange Zeiträume, die mit einer einmaligen Zahlung abgegolten sein sollten. Nach den bis dahin gültigen Regeln hätten die Kunden für diesen Anspruch astronomische Summen bezahlen müssen. Summen, die auch große Unternehmen nicht aufbringen konnten und nicht bereit waren, zu zahlen. Im Gegensatz zu vielen anderen Agenturen und vor allem im Gegensatz zur Velma war mir war schnell klar, dass das bisherige Preissystem nicht aufrecht zu erhalten war. Die *Velma* vertrat den Standpunkt, die Kunden hätten sich an die Regeln zu halten, nur: Die Kunden interessierte nicht, was die Velma forderte.

Mit meinem Verständnis für die Kunden machte ich mich in der Branche ziemlich unbeliebt. Was wurde mir nicht alles vorgeworfen! Ich würde Models verschleudern und den Ausverkauf der Branche einleiten. Dabei war mir nur sehr schnell klar, dass die bisherigen Regeln mit dem Erstarken des E-Commerce nicht mehr haltbar waren. Und man über andere Modelle nachdenken musste. Und dass es nicht möglich war und keinen Sinn ergab, eine Brandmauer hochzuziehen, hinter der sich Agenturen verschanzen und die Kunden zu ihren Gegnern erklären. Einige Agenturchefs hatten damals Gefallen daran gefunden, sich als harten Hund zu inszenieren. Ich habe versucht, Wege zu finden, die beide Seiten gehen konnten. Weil ich der Ansicht bin, dass es dabei nicht um Ausbeutung geht, sondern die Diskussion dem Umstand geschuldet ist, dass E-Commerce neue Voraussetzungen geschaffen hat, die neue Regeln notwendig machen.

Inzwischen arbeiten wir mit *Package Deals* oder Rahmenverträgen, die alle Bildrechte, zeitlich und räumlich für die nächsten fünf oder zehn Jahre regeln. Die jährlichen Nachzahlungen für die

Nutzung der Rechte entfallen damit. Für viele Kunden ist das inzwischen Voraussetzung zur Zusammenarbeit. Der Rahmenvertrag, den wir etwa mit der Otto Group abgeschlossen haben, gilt für alle Tochtergesellschaften und alle Plattformen, die von Otto betrieben werden. Nur bei Kampagnen wird das alte Modell noch angewandt und genau aufgeschlüsselt, ob die Fotos für Verkaufsförderungsmaßnahmen, Point of Sale, Fachanzeigen, Presse oder Broschüren verwendet werden.

Strittig ist das Thema bis heute. Es gibt Models, die deshalb dem Ruf von Agenturen gefolgt sind, die damit locken, hart mit Kunden über Bildrechte zu verhandeln und anders mit den Bildrechten umzugehen, als wir es mittlerweile tun. Einige von ihnen kehrten nach zwei Jahren wieder zu uns zurück. Sie hatten zwar ihre Bildrechte behalten, aber keine Jobs mehr.

Was Models auch wissen sollten: niemals bei Shootings etwas unterschreiben. Es gibt Fotografen, die kurz vor einem Shooting versuchen, Models davon zu überzeugen, ihre Bildrechte an sie abzutreten. Sobald ein Model so etwas unterschreibt, ist es verraten und verkauft. Ein Model von uns fand sich eines Tages auf Plakaten einer Dating-Börse wieder. Die Fotos stammten aus einem Shooting, dessen Bildrechte sie an den Fotografen abgetreten hatte. Man konnte nicht dagegen vorgehen, weil das Model unterschrieben hatte.

Es kommt auch vor, dass Kunden pleite gehen. Gewöhnlich entziehen wir den Unternehmen dann das Recht, die Fotos weiterzuverwenden. Sie müssen dann ihre Broschüren aus dem Handel nehmen und online alle Bilder entfernen. Das ist wie eine einstweilige Verfügung. Damit schützen wir unsere Models davor, dass ihre Bilder für andere Zwecke verwendet werden als ursprünglich vereinbart.

Dass ich beim Thema Bildrechte Verständnis für die Haltung der Unternehmen habe, heißt nicht, dass ich ihren Wünschen in jedem Fall entgegenkomme. Sehr vorsichtig und zurückhaltend etwa bin ich beim Thema Weitergabe von Rechten an Dritte. Entscheidet ein Kunde, sein Produkt nicht nur im eigenen Onlineshop zu verkaufen, sondern auch auf großen Portalen wie Alibaba oder Amazon, erhalten die Fotos, die für sein Produkt werben, eine wesentlich höhere Reichweite. Unternehmen haben dadurch die Möglichkeit, wesentlich mehr Umsatz zu machen. Die Bildrechte dafür zu einem Fixpreis zu verkaufen, das geht natürlich nicht. Aber auch da müssen Lösungen gefunden werden, mit Rechten für einen bestimmten Zeitraum.

Kunden aus dem E-Commerce versuchen immer wieder, das Honorarsystem zu unterlaufen und einheitliche Gagen festzulegen Auch das geht nicht, setzt sich aber auch nicht durch. Denn kein Kunde gibt sich mit einem günstigen Model zufrieden. Jeder will das Bestmögliche. Und schon macht er eine Ausnahme. Und am Tag darauf die nächste.

Dass E-Com-Kunden sehr knapp kalkulieren und sehr aufs Geld schauen, ist wiederum eine Chance für *Fresh Faces*, Models, die noch ganz am Anfang stehen. Am Fame und Image eines Models sind E-Commerce-Kunden oft nicht so interessiert.

Wie gut sich das Verhältnis zu Kunden gestaltet, ist auch davon geprägt, wie mit den Honoraren umgegangen wird. Wenn es um Geld geht, muss man ein gutes Gefühl haben. Ob es um den Steuerberater geht oder um den Bankberater, und erst recht um die Kunden, mit denen man zusammenarbeitet. Das sage ich auch immer unseren Models. Interessant ist, dass die einzigen Kunden, deren Zahlungsmoral zu wünschen übrig lässt, aus Deutschland kommen. Keines der Unternehmen aus Großbritannien, Skandinavien, USA oder Australien ist in dieser Hinsicht schwierig.

So professionell die Zusammenarbeit mit unseren Kunden meist ist, so klar die Abteilungen der Unternehmen strukturiert sind: Wenn es darum geht, Models zu buchen, scheinen alle Zuständigkeiten außer Kraft gesetzt zu sein. Wenn es um Models geht, will jeder, wirklich jeder mitreden. Der Kreativdirektor, der Art Buyer, der Einkauf, oft auch das Management. Viele Kunden zelebrieren das regelrecht. Da wird diskutiert und geredet und Kaffee getrunken, und es bleibt völlig im Dunkeln, wer die Entscheidung trifft. »Also mit der kann ich gar nicht«, sagt die eine. »Ich will die aber unbedingt, die hat was!«, sagt der andere. Und einer wedelt mit den Zahlen. Das ist manchmal sehr anstrengend und amüsant zugleich.

Der E-Commerce hat das Modelbusiness nicht nur beschleunigt und versachlicht, sondern auch die Art und Weise verändert, wie Agenturen und Kunden zusammenarbeiten.

Früher war alles ein Drama. Ehe ein Model gebucht wurde, traf man sich, ging essen und Champagner trinken. Man redete, diskutierte, erzählte sich gegenseitig, wie wichtig man ist, feierte, und alles musste viel Geld kosten. Wenn wir mit Kunden in ein Restaurant gingen, zahlten wir schon mal 5000 oder 6000 Euro, weil ausschließlich der teuerste Wein und Champagner bestellt wurde. Das wurde in die Gagen mit eingepreist. Im Gegenzug erwarteten die Kunden zu Weihnachten Geschenke wie Handtaschen für 2000 bis 3000 Euro. Das war wirklich schlimm und korrupt ohne Ende. Es wurde überhaupt nicht aufs Geld geachtet, es war eine ungeheure Wichtigtuerei und voller Übertreibung. Damals fanden das alle cool, auch ich.

Ich erinnere mich an einen Kunden, der zu jedem Shooting in einem pinkfarbenen Cabrio vorfuhr. Wenn er ausstieg, rief er: »Exzesse, Skandale, Orgien!« So lebte er auch, er ging völlig auf in dieser Zeit und suchte in dieser Szene aus Models, Fotografen und Kreativen eine Ersatzfamilie. Aber irgendwann hat ihn dieses Leben komplett verschlungen, und er musste seinen Laden schließen.

Es kam der Punkt, an dem ich das alles nicht mehr ertragen konnte. Immer dieselben Leute, viele auf Koks, immer dieselben

Geschichten mit denselben Pointen, immer diese Völlerei. Es war von allem zu viel. Ich war nicht der Einzige, dem das so ging. Es war die Zeit, als die ersten Smartphones auf den Markt kamen, Facebook zum offenen Netzwerk wurde, die ersten Appstores entstanden, und damit die Grundlagen für den E-Commerce gelegt waren. Es war die Zeit, in der ich MGM gründete.

Heute beträgt der Posten »Restaurantbesuche« vielleicht 500 Euro im Monat für die ganze Agentur. Man geht mal auf einen Cocktail nach der Arbeit, das war's. Mir kommt das sehr entgegen, und ich finde es erfrischend, dass für die jüngere Generation Work-Life-Balance eine ganz andere Bedeutung hat als in der vorangegangenen.

Ganz langweilig ist es auch heute nicht, es wird schon noch ein bisschen gefeiert. Das Glamouröse muss man in Maßen aufrecht erhalten, die Branche lebt auch von der Übertreibung. Aber es wird bei weitem nicht mehr so viel Geld rausgehauen wie früher. Und es bleibt auch gar nicht die Zeit, eine Kampagne groß zu feiern. Denn sobald die eine abgeschlossen ist, wird bereits an der nächsten gearbeitet.

MGM ist eine der größten Modelagenturen in Europa mit Büros in Hamburg, Düsseldorf und Paris.

Über 1200 Models und Influencer werden von MGM vertreten.

Diese Stufen führen zum Empfang der Agentur. Viele Models werden durch MGM zu Supermodels.

Supermodels
wie Kate
Upton, Chrissy
Teigen und
Mariano Di
Vaio starteten
ihre Karrieren
bei MGM
Models.

Die Wände werden geziert durch das *New Face Board*.

Kate Upton wurde schon als 14-Jährige von Marco Sinervo entdeckt.

Auch sie musste durch unzählige Castings ...

... und sich gegen viele Bewerberinnen durchsetzen.

Stundenlanges Warten gehört genauso zum Model Business wie ...

... konzentrierte Zusammenarbeit in der Maske und mit Fotografen.

Backstage bei Modenschauen herrscht immer große Anspannung.

COVER, LIKES UND SUPERBRANDS

Was Models erfolgreich macht.
Wie Hypes, Trends und
ein paar Grundsätze
das Business prägen.

Eine Modelkarriere strategisch zu planen, ist wahnsinnig schwierig, wenn nicht unmöglich. Das Business ist so schnell, dass kaum abzuschätzen ist, was ein Kunde, der sich heute für ein Model begeistert, morgen von ihm hält. Ständig wird alles neu gedacht und in Frage gestellt. Was gerade eben noch richtig erschien, wird morgen neu entschieden.

Für eine Agentur wie MGM heißt das: Wir sortieren uns jeden Tag neu, und sehen, wo die Reise hingeht. Was gibt's für Anfragen? Wie entwickelt sich das Model? Wie der Markt? Agenturbusiness lebt von Trends und der Nachfrage; das verlangt, wach und offen zu sein und zu beobachten, was wo geschieht. Ständig tun sich neue Kunden auf, neue Möglichkeiten, neue Ansprüche. Wir arbeiten situativ, von Job zu Job, von einem Moment zum nächsten.

Unter diesen Voraussetzungen lässt sich über eine Modelkarriere lediglich eine verbindliche Prognose abgeben: Jedes Model macht seinen ersten Job und seinen letzten. Was dazwischen liegt, folgt keinen Regeln, keinen Gesetzmäßigkeiten und keiner Strategie. Arbeitet ein Model zwischen dem Ende seiner Teenagerzeit und Anfang dreißig zehn, zwölf Jahre, ist das eine gelungene Karriere.

Maßstab für den Erfolg eines Models ist seine wirtschaftliche Bilanz. Im Hinblick auf den überschaubaren Zeitraum, in dem ein Model Geld verdienen kann, sollte es sich so weit lohnen, dass man sich mit Anfang 30 ein finanzielles Fundament für die Zeit danach geschaffen hat.

Erfolgreich ist ein Model ab einem Jahresverdienst von 100 000 Euro. Die Wege zu einer sechsstelligen Summe im Jahr können dabei sehr unterschiedlich sein. Es gibt Models, die zwei, drei Kampagnen im Jahr machen und sehr gut verdienen, weil die Kampagne weltweit läuft. Genauso gibt es Models, die zwanzig Tage im Monat bei einem Tagessatz von 4000 Euro von vielen verschiedenen Kunden gebucht sind.

Der Tagessatz unserer Models beginnt bei 1000 Euro, damit starten unsere New Faces. Mit zunehmender Erfahrung pendelt er sich dann so bei 2000, 2500 Euro am Tag ein, das ist ein normales Honorar. Und wenn man dieses Level erreicht hat, sollte man versuchen, auf 3000 oder 4000 Euro zu kommen. Wir haben auch Models, die 25 000 Euro am Tag kosten. Aber das sind Ausnahmen, das sind echte Kampagnengesichter. In der Regel ist für ein normales Model zwischen 8000 und 10 000 Euro pro Tag Schluss. Was darüber hinaus geht, fällt unter *Celebrity Booking*.

Der Unterschied zwischen einem Model, das 1000 Euro und einem, das 5000 Euro am Tag bekommt, liegt in der Professionalität. Es hat seinen Preis, wenn ein Model keinen Makel hat, einen unverwechselbaren Look und wirklich alles stimmt: Füllige Haare, ein schöner Gesichtsschnitt, gute Zähne, ein superguter Body, die Gabe, sich gut zu bewegen, ein freundliches Wesen. Das alles zusammen ist Gold wert für einen Kunden. Und rechnet sich auch. Sind die Haare nicht so toll, haben die Hair-Artists mehr zu tun. Hat die Haut Makel, müssen die Make-up-Leute extra ran. Ist ein Model zu dick, kann man nicht das ganze Sortiment fotografieren. Ist ein Zahn kaputt, muss man hinterher retuschieren. Das alles kostet auch Geld.

Wenn ein Model am Set dagegen weiß, was es tun muss, wenn der Fotograf seine Ansagen macht, also professionell und unkompliziert arbeitet, kann der Fotograf den Tag runterschießen, und der Kunde hat schnell die Fotos auf dem Tisch, die er benötigt.

Das *Pricing*, also den Tagessatz eines Models zu bestimmen, ist eine Frage des Gespürs. Auch wenn es Faktoren gibt, die die Höhe der Tagesgage beeinflussen. Etwa, wenn ein namhafter Brand mit einem Model arbeitet. Wenn das Model eine große Fanbase an Followern hat. Oder, noch besser, wenn es gut verkauft. Die Sales-Abteilungen der großen Unternehmen erheben ständig Daten, welches Produkt sich an welchen Models wie verkauft. Sie favorisieren natürlich immer das Model, das für den besten Umsatz sorgt.

Es gibt eine Wäschemarke aus Deutschland, die ausschließlich mit einem unserer Models fotografiert. Ist das Model nicht verfügbar, verschieben sie die ganze Produktion, Hauptsache, sie bekommen dieses eine Model. Einfach, weil statistisch erwiesen ist, dass Slips und BHs sich besser verkaufen, wenn sie an ihr fotografiert sind.

Oft lässt sich nicht genau sagen, ob das Produkt so gut ist oder das Model. Meistens gilt dann: Never change a winning team. Warum ein Model tauschen, wenn eine Kampagne gut funktioniert? In so einem Fall erhöht sich natürlich auch der Preis. Wobei das viel Fingerspitzengefühl verlangt, man darf es nicht übertreiben.

Andererseits habe ich Gagen auch schon schlagartig von 2000 Euro auf 8000 Euro erhöht. Eines unserer Models war auf dem Cover der britischen Ausgabe von *Harper's Bazaar*, das war für sie der Ritterschlag. Von da an war sie komplett ausgebucht. Die meisten Kunden haben die neue Gage akzeptiert, weil sie an dem Hype teilhaben wollten. Als Agent muss man in so einem Fall auch ein Spieler sein. Rational ist so ein Pricing nicht.

Es kommt vor, dass spezielle Typen mal eine Saison lang angesagt sind und als cool gelten, etwa, weil sie Segelohren oder eine große Nase haben. Solch einen Hype mitzunehmen, macht Spaß. Aber er endet eben auch. Und das ist für jedes Model bitter.

Zum Nachteil kann auch werden, wenn es eine Übernachfrage eines Kunden auf ein bestimmtes Model gibt. Wirbt ein Kunde über Jahre oder Jahrzehnte mit demselben Model, verwebt sich das Gesicht mit der Marke, und es wird zum *Testimonial*. Das ist einerseits bequem, andererseits eine Einbahnstraße, weil es in der Regel dazu führt, dass das Model für andere Marken nicht arbeiten kann.

Eines unserer männlichen Models, Reinhard Zola, habe ich zehn Jahre lang für eine sechsstellige Summe an Olymp, das Hemden-Label, verbucht. Es gab für ihn auch Anfragen von anderen Unternehmen, aber Olymp legte sein Veto ein. So wurde Zola der Olymp-Mann. Für die Marke ist so eine Wiedererkennbarkeit gut. Aber dann ersetzte Olymp ihn 2017 durch Gerard Butler, den Schauspieler, und Zola war raus. Seither will keiner mehr mit ihm arbeiten, weil er den Stempel Olymp-Mann nicht mehr loswird.

Es gibt auch Fälle, in denen sich die Beziehung zwischen Kunde und Model verselbstständigt. Eines unserer Models macht seit Ewigkeiten im Otto-Katalog die Wäscheseiten. Wenn man sie sieht, entsteht sofort die Assoziation: Ach, die kenne ich aus dem Otto-Katalog! Inzwischen ist sie 44. Einmal im Jahr sehen wir uns, und jedes Mal denke ich: Wie lange machst du das noch? Es gäbe viele junge Models, die sie sofort ersetzen könnten. Aber keiner hat Lust, zu sagen, dass jetzt Schluss ist. Ich nicht, der Kunde nicht. Und sie auch nicht.

Einfluss auf den Marktwert hat auch das Renommee einer Marke. Eine Kampagne für Louis Vuitton, Chanel, Dolce&Gabbana, Fendi, Balenciaga oder amerikanische Superbrands wie Offwhite oder Supreme hat in der Branche große Strahlkraft. Das macht ein Model international bekannt und teuer. Das ist wie eine TÜV-Plakette, die bestätigt: Die kann was. Als Model bist du damit approved.

Es gibt viele Geschichten, wie ein einziges Shooting, eine einzige Kampagne einem Model zum Durchbruch verholfen hat. Wie Kate Upton sind viele mit einem *Sports Illustrated*-Cover groß geworden. Kate Moss wurde schlagartig mit der Kampagne für Calvin Klein berühmt, andere über große Brands wie Victoria's Secret, Dior oder Chanel. Sobald ein Model von einem großen Brand gebucht wird, stehen die Türen zu einer Karriere offen.

Eine Etage darunter gibt es auch eine Reihe guter Marken, die einem Model zum Durchbruch verhelfen können, Mango etwa oder Zadig & Voltaire. Das sind keine Superbrands, aber Marken mit Einfluss. Auch eine Zara- oder H&M-Kampagne ist gut. Das sind Namen, die nicht für Luxus stehen, aber eine große Verbreitung haben und anspruchsvoll sind in ihrer Bildsprache. Die mögen billig in der Klamotte sein, aber mit den Summen, die sie für Werbung ausgeben, sind sie gut dabei. Und immer wichtiger werden Brands, die ein gutes Image haben, vor allem was Nachhaltigkeit angeht.

Ob ein Model auf den Schauen in Paris oder Mailand läuft, hat dagegen so gut wie keinen Einfluss darauf, ob und zu welchem Preis es gebucht wird. Ist ein Model siebzehnmal auf dem Catwalk gelaufen, ist das ein Hinweis, dass es gut ankommt und einen gewissen Erfahrungsschatz mitbringt. Man kann sich damit einen Namen machen, aber kein Geld verdienen. Für einen Catwalk-Job gibt es selten mehr als 150 oder 200 Euro. Der Reiz und der Wert, für eine Schau in Mailand oder Paris gebucht zu werden, liegt in der Aufmerksamkeit, die sich damit verbindet. Die lukrativen Jobs für große Brands und Kampagnen folgen häufig auf Engagements auf den Runways.

Trotzdem gibt es etliche Agenturen, die mit Catwalk-Bildern werben. Ich finde das albern, weil jede Agentur weiß, dass ein Model, das gut auf dem Catwalk ist, noch lange keine Kampagne machen kann. Wir halten unsere Kunden darüber up to date und lassen sie wissen, für welche Brands eines unserer Models in Paris oder Mailand gelaufen ist. Das ist eine Information, die das Image eines Models abrundet. Mehr nicht.

Auch wenn die Bedeutung von Magazinen immer weiter abnimmt: Die Cover von *Vogue, Elle, Harper's Bazaar* oder *Sports Illustrated* gelten nach wie vor als harte Währung. Vor allem deshalb, weil sie auch digital sichtbar sind. Jede Agentur bestückt ihre Homepage mit den Covern seiner Models. Editorials dagegen, redaktionelle Mode- und Fotostrecken, haben an Bedeutung stark verloren, weil kaum noch jemand Magazine kauft, schon gar nicht die junge Generation. Zuhause habe ich eine Sammlung von 4000 Ausgaben der *Vogue*. Ich habe junge Menschen erlebt, die davorstehen und Fragen stellen wie: Was ist das? Wie viele Bäume sind dafür gestorben?

Nicht direkt in das Pricing fließt die Social-Media-Reichweite eines Models ein. Hat ein Model eine hohe Zahl an Instagram-Followern, berechnen wir das gesondert. Wenn ein Kunde möchte, dass das Model auf Instagram eine Making-of-Story oder über das Produkt postet, wird das Honorar nochmal fällig. Das Unternehmen kauft schließlich seine ganze Fanbase mit und macht das Model zum Markenbotschafter. Wir lassen das ganz bewusst nicht mit in die Gage einfließen, ansonsten würde der Kunde automatisch erwarten, dass etwas gepostet wird. Das liegt aber nicht immer im Interesse von Model und Agentur.

Auch die Wahl der richtigen Agentur hat Einfluss darauf, wie erfolgreich ein Model ist. Es gibt Models, die bleiben bei der Agentur, die sie groß gemacht hat, sofern es keine Notwendigkeit für einen Wechsel gibt. Andere sind Agentur-Hopper, das ist typabhängig. Die Agentur zu wechseln, macht aber nur in einer Richtung Sinn, von einer kleinen zu einer größeren. Häufig ist das der entscheidende Karriereschritt, denn Teil eines großen Agenturnetzwerks zu sein, eröffnet neue Möglichkeiten. Wenn es darum geht, international zu arbeiten, macht ein Wechsel von einer Agentur wie MGM allerdings keinen Sinn. Das können wir abbilden. Bei Kate Upton lag der Fall ein wenig anders. Sie lebt in den USA und ist vor allem in den USA gebucht. Das ließe sich auch über eine Agentur in Europa managen, praktikabel aber ist es nicht.

Alle diese Punkte haben Einfluss auf den Erfolg eines Models. Zugleich gibt es Karrieren, die Mustern folgen, die nicht zu erklären sind. Bei MGM gibt es etwa ein bildhübsches Model, alles an ihr ist gut. Aber sie hat keinen einzigen deutschen Kunden, sondern ausschließlich französische. Sie sitzt praktisch jeden Tag im

Flieger nach Frankreich und verdient wahnsinnig viel Geld. Aber die deutschen Kunden wollen sie nicht. Ich kann nicht erklären, woran das liegt.

Eines unserer asiatischen Models hatte bis vor kurzem kaum zu tun. Und von einem Tag auf den anderen kam eine irre Dynamik in Gang. Kunden, die sie Wochen zuvor noch abgelehnt hatten, warfen auf einmal alle Konzepte über den Haufen, nur um sie zu buchen. Andere, die sie in einer Kampagne sahen, zogen nach. Die Nachfrage hat seither nicht nachgelassen, sie ist inzwischen dauergebucht.

Wie gesagt: Ob und wann eine Karriere startet, was genau sie anzündet, das folgt weder fixen Regeln noch Mustern. Deshalb ist es so wichtig für eine Agentur, ein feines Sensorium dafür zu entwickeln, was Kunden bewegt und beschäftigt.

Auch wenn man sich die Karrieren von Kaia Gerber, Chrissie Teigen, Karlie Kloss und Kate Upton, den derzeit erfolgreichsten Models weltweit, ansieht, wird man auf keine Formel stoßen. Jede verdient Millionen, aber jede steht für etwas anderes.

Kaia Gerber verschaffte es anfangs eine extra Portion Aufmerksamkeit, die Tochter von Cindy Crawford zu sein. Doch niemand hätte das interessiert, wenn sie nicht so umwerfend aussehen würde. Kaia hat ein wahnsinnig tolles Gesicht, ist inzwischen 20 und arbeitet rauf und runter. Schon mit 16 Jahren hat sie für Marc Jacobs, Burberry, Alexander Wang, Prada, Chanel, Fendi und Moschino gearbeitet.

Chrissie Teigens Erfolg versteht man, sobald man ihr begegnet. Sie ist gar nicht so fotogen und relativ pausbäckig. Aber sie hat eine unglaubliche Ausstrahlung und Charisma. Das hat sowohl für Mädchen wie für Jungen große Anziehungskraft. Man sieht sie und findet sie toll. MGM war ihre erste internationale Agentur, aber wir haben sie in Europa leider nicht zum Fliegen gekriegt. Es hieß, sie sei zu speziell im Look, zu asiatisch angehaucht. Das wollte damals keiner. Deutschland ist bei Models, die später zu Topstars werden, häufig hinterher.

Bei Kate Upton war es ähnlich. Kate Upton lebt überwiegend von ihrer Sexyness. Ganz anders Karlie Kloss. Ihr Erfolg beruht auf einem nahezu perfekten Mix aus excellentem Körpergefühl, Aussehen, Personality und sympathischer Ausstrahlung.

Im Moment gibt es bei MGM ein Model, von dem ich überzeugt bin, dass sie sehr erfolgreich werden wird. Sie ist ein guter Typ und jetzt schon gut dabei. Sie ist sehr musikalisch, singt, postet witzige Sachen auf Instagram, ist intelligent und hat eine sehr coole Präsenz. Sie wird noch ziemlich durch die Decke gehen. Herausragende Models sind häufig auch Showgirls.

Ziel eines Models sollte es sein, 15 Tage im Monat zu arbeiten, mindestens aber zehn. Ist ein Model international unterwegs, muss man noch Reisezeit, Zeitverschiebung und Jetlag mit einrechnen. Ich habe Models, die arbeiten auch mal 30 Tage am Stück. In der Agentur gibt es ein Chartboard, auf dem die Optionen für jedes Model zu sehen sind. Dort wird eingetragen, welcher Kunde die erste, zweite, dritte und vierte Option hat. Einige Models haben über Monate ihre Charts voll mit ersten bis dritten Optionen.

Es kann sehr schnell gehen, dass ein Model 500 000 bis eine Million Euro im Jahr verdient. Gerade dann ist es wichtig, als Agent präsent zu sein und vertrauensvoll zusammenzuarbeiten. Zum einen ist ein gutes Model auch das Kapital einer Agentur, zum anderen steigt manchen der schnelle Erfolg zu Kopf. In einem Anflug von Hybris glauben einige dann, von nun an alles alleine von zuhause managen zu können. Das ist weder im Interesse der Agentur noch des Models. Weil es nicht funktioniert. Schlimmstenfalls sieht ein Model das erst ein, wenn es zu spät ist, und eine steile Karriere ebenso schnell endet, wie sie begonnen hat.

Innenansicht Nadja Marinkovic

Nadja Marinkovic ist in meinen Augen der Prototyp eines guten Models. Sie ist hübsch, lebendig, zielstrebig und sehr diszipliniert. Sie ist 26, hat aber noch eine gute Zeit vor sich, weil sie viel jünger erscheint. Auch mit über 30 wird sie noch gut im Geschäft sein. Sie ist nicht der High-Fashion-Typ, dafür ist sie zu klassisch. Aber sie ist vielseitig einsetzbar und arbeitet für viele verschiedene Kunden. Bei MGM zählt sie damit zum Mittelstand, rund 350 bis 400 Models, die regelmäßig gut gebucht werden. Nadia verdient eine Summe im mittleren fünfstelligen Bereich im Monat.

Was ich an Nadia sehr schätze, ist ihre gesunde Einstellung, das Modelling sehr diszipliniert anzugehen und wie sie die Zeit nutzt, ihre Zukunft zu planen. Hier erzählt sie, wie es bei ihr anfing und ihre Karriere in Schwung kam.

»Ich war zwölf oder dreizehn, als ich das erste Mal von einem Modelscout angesprochen wurde. Sie gab mir ihre Karte, und ich sagte ihr, dass ich sie anrufe. Zwei Jahre später – ich hatte nie zurückgerufen – sprach dieselbe Frau mich wieder an, mitten in Belgrad. »Erinnerst du dich?«, fragte sie. Diesmal versprach ich, zurückzurufen und erzählte meiner Mutter davon. Sie meinte, wenn sie dich zweimal gefunden hat, dann ruf sie an. Ich traf sie, sie erzählte mir alles über Modelling, was sie wusste. Auch, dass ich als Model keine Armbänder tragen dürfe. Das gefiel mir damals gar nicht, weil ich schon damals Ringe, Armreifen und jede Art von Schmuck liebte. Ein Jahr später begleitete mich meine Schwester zu einer anderen Agentur, die mich dann unter Vertrag nahm.

Sie schickte mich nach Istanbul, und dort lernte ich alles, was für eine Anfängerin im Modelbusiness wichtig war. Ich war damals siebzehn, und alles war neu für mich. Nicht nur, mich vor einer Kamera zu bewegen, sondern vor allem auch, auf mich selbst gestellt zu sein und mit dem Alleinsein klarzukommen. Ich begann zu arbeiten und nach einiger Zeit hatte ich gute Fotos für eine Mappe, mit der ich zu einer größeren Agentur ging. Dort hatte ich von Beginn an gut zu tun. Auch mit Armbändern. Ich lernte, dass man viel arbeiten und viel Geld verdienen kann, wenn man sich darauf konzentriert, sich zu zeigen und bereit ist, alles dafür zu tun. Seither bin ich die meiste Zeit unterwegs, reise von Stadt zu Stadt und arbeite. Meine Mutteragentur ist in Serbien, MGM vertritt mich in Deutschland.

Gefühlt habe ich inzwischen überall gearbeitet, wo Models gefragt sind. Ich war auf den Philippinen, in Indien, in Peru, in Schweden, in Deutschland, in Istanbul, Tokyo, Mailand, Paris, London, Los Angeles und New York. Gut gezahlt wird in Deutschland, London und Paris. Auch China ist gut, um Geld zu verdienen. Allerdings wird dort völlig anders gearbeitet, als man es in Europa und in den USA gewohnt ist. Modelling ist dort eine ganze andere Disziplin. Wenn man in China für einen Job gebucht ist, hat man das Gefühl, zur Arbeit zu gehen. Man wird nach Stunden bezahlt und das wird sehr genau genommen. Geht man zur Toilette, wird die Zeit gestoppt, wie lange man abwesend ist, genau notiert und nicht als Arbeitszeit gerechnet. Ziemlich seltsam.

Man kann dort mit guten Fotografen zusammenarbeiten, und es entstehen auch gute Fotos dabei, aber es ist eine sehr nüchterne Atmosphäre. Es sind einfach andere Bedingungen, etwa im Vergleich zu Deutschland. Dort wird man bei einem Shooting ständig gefragt: ›Möchtest du etwas trinken? Kann ich dir einen Apfel bringen? Brauchst du eine Pause?‹ In China hört man das nie, im Gegenteil, man muss sich selbst darum kümmern. Fragt man nach einem Kaffee, bekommt man als Antwort: ›Okay, wir kümmern uns.‹ Im nächsten Moment ist das aber schon vergessen, und man wartet vergeblich.

Der beste Job, den ich bislang als Model gemacht habe, war für *Kenzo*. Ich war damals für einige Zeit in Los Angeles. Beim Casting stellten sich 200 Models vor, es waren wirklich 200! Als ich endlich dran war, hieß es: ›Kannst du ein bisschen tanzen?‹ Ich antwortete, dass ich keine Tänzerin sei, dass ich es probieren werde. Es gefiel ihnen, und ich bekam den Job. Ich erinnere mich deshalb so gerne daran, weil wir damals mit einem der berühmtesten Fotografen der Welt arbeiteten. Das Shooting, es war in Kanada, war auf einem ganz anderen Level als alles, was ich zuvor gemacht habe. Alles war super organisiert. Allein um mich kümmerten sich drei Hair-Make-up-Artists und einer, der nur die Nägel machte. Es war perfekt.

Instagram ist für Models inzwischen sehr wichtig. Als ich anfing, war das noch nicht so. Ich habe eine ganze Reihe guter Jobs über Instagram bekommen. Weil Fotografen meinen Account sahen und mich direkt kontaktiert haben.

Mit der Zeit lernt man, welche Art von Posts Follower besonders mögen und liken. Früher bekam ich für Selfies die meisten Likes, inzwischen bekommen Lifestylemotive die meisten Likes und Kommentare. Bilder, auf denen ich einen Kaffee trinke, eine Straße entlanggehe, oder irgendwo sitze. Wenn ich dagegen ein hochwertiges, professionelles Modelfoto poste, bekomme ich weniger Likes und Kommentare. Ich denke, das liegt daran, dass sich die meisten Follower mit Lifestylemotiven besser identifizieren können. Andererseits poste ich professionelle Bilder trotzdem ab und an. Denn in erster Linie dient der Account dazu, dass Fotografen und Marken auf mich als Model aufmerksam werden. Als ich vergangenes Jahr in Los Angeles war, hieß es, als Model brauche man mindestens 100 000 Follower, um an die wirklich guten Jobs zu kommen. Ich habe 26 000 und mein Ziel ist es, künftig verstärkt für große Marken zu modeln. Mein größter Traum ist es, für Prada zu arbeiten.

Das Härteste am Modeln ist, eine Beziehung zu führen. Jemanden zu finden, der bereit ist, ständig auf einen zu warten und sich nach meinem Terminkalender zu richten oder mich auf meinen Reisen zu begleiten. Viele meiner Modelfreunde haben ihren ursprünglichen Freundeskreis verloren, weil es wirklich aufwendig ist, in Kontakt zu bleiben. Ich komme immer sehr gerne zurück nach Serbien, wenn ich eine Weile unterwegs war. Und freue mich, meine Freunde und Familie zu sehen. Zurzeit habe ich einen Freund, aber es ist natürlich nicht leicht, eine Beziehung überwiegend über das iPhone zu führen. Mal sehen, wie sich das entwickelt.

Als ich mit dem Modeln anfing, machten sich meine Eltern Sorgen um mich, weil sie dachten, ich wäre zu jung, um allein durch die Welt zu reisen. Aber sie haben nie versucht, mich davon abzuhalten. ›Wenn du das unbedingt machen willst‹, sagten sie, ›dann mach es.‹ Das ist ihre Haltung bis heute. Sie hinter mir zu wissen, hat mir immer gut getan und Kraft gegeben. Inzwischen ist meine Familie auch stolz darauf, dass ich mein eigenes Geld verdiene und komplett unabhängig bin.

Mein Vater ist Ingenieur, und ich verdiene definitiv mehr Geld als er. Das hört sich gut an, aber man muss auch wissen: Es gibt Zeiten, in denen man als Model sehr gut verdient. Und Zeiten, in denen man gar nichts verdient. In der Coronazeit etwa. Alles war zu, kein Studio hatte geöffnet, das hieß: keine Jobs, kein Geld. Man muss schon auch lernen, mit Geld umzugehen.

Mädchen, die Model werden wollen, würde ich dreierlei raten: Erstens, sich einen guten Instagram-Account aufzubauen und ihn zu pflegen. Zweitens: Sich von sogenannten Promotern fernzuhalten, die einen auf Partys oder Trips sonst wohin einladen. Das sollte man vermeiden, wenn man nicht in unangenehme Situationen geraten will. Außerdem sollte ein Model ein gesundes Leben führen und sich gesund ernähren. Das ist essenziell, um gute Haut und schönes Haar zu haben. Denn alles, was man zu sich nimmt, macht sich im und am Körper bemerkbar. Isst man schlecht, hat man es schnell mit Akne und Ähnlichem zu tun.

Wenn ich heute zurückblicke, würde ich alles wieder genauso machen. Ich bin sehr glücklich darüber, wie sich alles entwickelt hat, vor allem, dass es mir gelungen ist, neben dem Modeljob zu studieren, und dass ich inzwischen meinen Abschluss in Business Management gemacht habe.

Ich bin dankbar, dass ich die Gelegenheit hatte, als Model Menschen aus aller Welt und unterschiedlichsten Kulturen zu begegnen. Und überall Freunde zu finden. Und mit dem Geld, das ich dabei verdiene, eine Existenz aufzubauen. In zehn Jahren, mit Mitte dreißig, will ich Familie und Kinder haben. Und als Schmuckdesignerin meine erste Kollektion von Ringen herausgebracht haben. Und ein eigenes Unternehmen besitzen, das sie vertreibt. Und nebenher auch gerne weiter modeln.«

Misserfolg

Gewöhnlich kann ich voraussagen, wer gut und erfolgreich als Model arbeiten wird. Manches aber lässt sich nicht erahnen. Etwa, dass jemand antriebslos ist, sich falsch ernährt, zu viel feiert und deshalb am Set nicht gut performt. Manchen fehlt es an der nötigen Disziplin. Doch wenn ein Model sich nicht in Shape hält, morgens nicht die Zähne putzt, immer wieder Probleme mit dem Gewicht hat, mal abnimmt und mal zunimmt, und jeder Job zu einer Zitterpartie wird, ob sie in Form ist, dann bleiben die Buchungen eben aus. Dann müssen wir die Bremse ziehen. Einmal setzen wir uns zusammen und erklären, weshalb das nicht geht und zeigen auf, dass eine Karriere schneller enden kann, als sie begonnen hat. Und manchmal passiert das dann auch.

Manchmal tut es geradezu weh, mitanzusehen, wie Mädchen sich selbst im Weg stehen. Es gab bei MGM ein Model, dem ich einiges zutraute. Als sie bei uns anfing, war sie sehr hübsch, aber dann veränderte sie sich, leider nicht zum Guten. Erst war sie fast magersüchtig, dann legte sie so stark zu, dass ihr Gesicht ganz rund wurde. Im Sommer sah ich sie öfters an der Alster, wie sie mit ihren Freunden feierte und literweise Bier in sich reinschüttete. Ich ging zu ihr und sagte: »Lass das, wenn du Model werden willst.«

Wenig später traf ich ihre Mutter, wir kennen uns von früher. Sie sagte: »Marco, wir waren früher doch selber feiern.«

»Aber wir wollten keine Models werden«, antwortete ich, »ich jedenfalls nicht«. Schade, ich fürchte, sie kriegt die Kurve nicht mehr. Wenn man mit 16 seinen Lebenswandel nicht in den Griff bekommt, dann ist Schluss, ehe es richtig begonnen hat.

Karriereende

Irgendwann kommt auch bei erfolgreichen Models der Zeitpunkt, an dem man das furchtbare Gespräch führen muss, in dem es heißt: »Das war's jetzt für dich.« Weil der Erfolg sich gegen einen wendet, weil man nach dem Geschmack von Kunden zu präsent oder zu prominent geworden ist, weil es heißt, man sei überfotografiert und Buchungen ausbleiben. Oder um es ganz hart zu sagen: Weil niemand mehr einen sehen will.

Das zu realisieren, tut weh. Die intelligenten Mädchen sehen diesen Punkt kommen. Viele aber nehmen sich anders wahr, denken, sie sähen unverändert toll aus und wären gut gealtert. Auch wenn das nach gewöhnlichen Maßstäben zutrifft: Im Modelbusiness gelten andere Ansprüche. Oft kommt es vor, dass sich Models nach einem solchen Gespräch ultrabeleidigt verabschieden, um es nochmal bei einer kleinen Agentur zu versuchen. Dort klappt es dann erst recht nicht. Und dann ist es endgültig vorbei.

Einige Models erhalten auch nach dem Ende ihrer Karriere noch Honorare aus den Bildrechten. Eines unserer Models war früher das *Nivea*-Mädchen. Die Motive werden immer noch verwendet. Das Model von damals ist mittlerweile 40, Mutter von drei Kindern und bekommt pro Jahr Buyouts in Höhe von rund 150 000 Euro. Aber das ist selten.

Wenn man es geschickt anstellt und seine erworbenen Fähigkeiten und Kontakte nutzt, kann man anschließend im Film- oder Fernsehbusiness Fuß fassen, oder man macht sich selbst zu einer Celebrity.

Für viele wird nach dem Modeln Schauspielerei ein Thema. Aber nur sehr wenigen gelingt eine Karriere wie Charlize Theron, die als Model bei MGM begonnen hat. Manche fassen Fuß als Moderatorin, einige starten ein Business im Modebereich, eröffnen Boutiquen, arbeiten als Stylistin oder im Make-up-Bereich oder gründen eine Agentur. Ein paar verwandeln ihren Modelruhm in eine Rolle als Celebrity. Und, auch das gibt es, manche heiraten reich.

It-Girls

Nicht zu verwechseln mit einer anderen Kategorie hübscher Frauen, die Medien beharrlich als »Model« oder »Ex-Model« bezeichnen. Die aber keine Models sind, niemals Models waren, nie in einer Kampagne stattgefunden haben, niemals von Modeleinkünften leben konnten. Frauen, die vielleicht mal über einen *Red Carpet* gelaufen sind. Aber das ist kein Beleg, als Model gearbeitet zu haben.

Häufig handelt es sich um Ex-Schauspielerinnen, Ex-Moderatorinnen, Ex-Frauen prominenter Männer, Partygirls oder lokale

Celebritys, die sich von Engagement zu Engagement in Reality Shows wie *Dschungelcamp*, *Promi Dinner* oder *Shopping Queen* hangeln. Dass Redaktionen für sie den Begriff Model nutzen, geschieht zum einen aus Verlegenheit, weil es keine verbindliche Bezeichnung für diese Art von Prominenz gibt, aber auch, um ihren Protagonistinnen ein bisschen Glam zu verpassen. *It-Girls* träfe es besser.

In Hamburg gibt es eine Frau, sie ist Gattin eines reichen Spediteurs und inzwischen über sechzig. Sie hat sich bei MGM mal als Best-Ager-Model beworben, ich habe abgelehnt. Man sieht sie in Hamburg auf jeder C-Promi Party. Auf den Klatschseiten folgt auf ihren Namen gewöhnlich der Zusatz »das erfolgreiche Best-Ager-Model«. Ich weiß, dass sie in vier Jahren noch keinen einzigen Job als Best-Ager-Model hatte. Viele Leute, die dann vom erfolgreichen »Model« lesen, denken dann: Ich sehe auch gut aus, das kann ich auch.

Und genau das stört mich daran. Dass der Eindruck entsteht, jede, die hübsch aussähe und imstande wäre, in eine Kamera zu lächeln, wäre ein Model. Leute als Model zu bezeichnen, die keine sind, führt dazu, dass der Begriff verwässert, an Trennschärfe verliert und ein falsches Bild davon zeichnet, was ein Model ausmacht. Model zu sein ist ein Privileg, das daran geknüpft ist, bestimmte Voraussetzungen zu erfüllen, und sich für einen Weg zu entscheiden, der ein hohes Maß an Disziplin, Selbstbewusstsein und Selbstreflexion verlangt.

Innenansicht: Paul Elvers

Worin besteht der Reiz für junge Menschen, in der Öffentlichkeit zu stehen, eine öffentliche Person zu sein? Abgesehen davon, dass man damit Geld verdienen kann, geht es um Sichtbarkeit, um Privilegien, um Aufmerksamkeit? Das ist eine Frage, die ich mir immer wieder stelle. Ich habe darüber mit Paul Elvers gesprochen.

Paul ist Model bei MGM und mit allen Facetten der Prominenz von klein auf vertraut. Seine Mutter ist die Schauspielerin und Moderatorin Jenny Elvers, sein Vater Alex Jolig wurde bekannt durch *Big Brother*. Sein Stiefvater Götz Elbertzhagen ist ein bekannter Schauspieleragent. Ich sehe Paul immer mal wieder, wenn er bei uns in der Agentur ist. Aber bisher habe ich ihn nie gefragt, welche Schlüsse er daraus gezogen hat, mit allen Seiten des Prominentseins, auch den schattigen, aufzuwachsen.

»Ich hatte nie explizit den Wunsch, berühmt zu werden. Meine Familie hat das auch in keinster Weise gefördert. Aber von klein auf habe ich nichts anderes mitbekommen als Medien. Vater, Mutter, Stiefvater, alle in den Medien unterwegs. Wenn ich etwas wissen wollte, habe ich Mama gefragt. Und wenn sie keine Zeit hatte, ging ich zu meinem Stiefvater, er ist Geschäftsführer einer Künstleragentur. Oder zu einem seiner Mitarbeiter. Deshalb kenne ich mich gut damit aus, wie man sich in der Öffentlichkeit bewegt. Ich denke, ich habe im Griff, was geschrieben wird und was nicht. Ich weiß, was ich machen muss, damit ein Artikel entsteht und etwas Positives dabei rauskommt.

Auch, dass man das nie komplett kontrollieren kann. Und es sehr schmerzhaft sein kann, wenn Zeitschriften und Zeitungen über einen schreiben, wenn man es gar nicht braucht. Wie damals, als die Boulevardmedien über die Alkoholsucht meiner Mutter berichteten. Ich war damals elf. Wenn man zu Hause solche Probleme hat, dann ist das, was die Presse dazu schreibt die Kirsche auf dem Sahnehäubchen auf einem großen Berg voll Scheiße. Ich dachte damals vor allem an die Gesundheit meiner Mutter, das wurde dadurch nicht gerade einfacher. Es machte eine schwierige Situation noch schlimmer.

Trotzdem war diese Erfahrung nicht so abschreckend, dass ich den Entschluss gefasst hätte, niemals in der Öffentlichkeit stehen zu wollen. Selbst wenn man so eine Geschichte aus nächster Nähe miterlebt hat, ist es doch so: Die Möglichkeiten, die Öffentlichkeit einem bietet, sind sehr groß.

Gerade Instagram ist für viele eine super Chance, mit wenig Aufwand zu Publicity zu kommen. Meins ist es nicht, privat nutze ich Instagram gar nicht. Ich weiß auch so, was meine Freunde machen. Und wenn es was Wichtiges gibt, werden sie es mir schon sagen. Ich nutze Instagram nur beruflich, denn Reichweite ist immer gut. Ob man ein eigenes Produkt verkauft, eine Firma gründet oder was auch immer vermarktet. Und mit dem Namen Elvers und meiner Familie im Hintergrund stehen die Chancen gut, Reichweite aufzubauen und gutes Geld zu verdienen.

Würde ich die Medienwelt nur aus der Distanz kennen, so wie die meisten Jugendlichen, wäre ich vermutlich genauso naiv wie viele andere. Und würde denken: Toll, ich werde Model, wenn ich mich bei *GNTM* bewerbe. Und würde mich genauso auf Instagram stürzen. Und würde genauso versaut werden wie sie. Egal, welchen 12-Jährigen man fragt, was er vorhat, was er will, die Antwort lautet: einen Privatjet, eine Modelfreundin und 'ne Rolex. Nur Konsum, Konsum, Konsum. Instagram erzieht die Leute dazu: Je mehr ich konsumiere, umso besser. Wer auf Instagram Rappern folgt, erfährt: Du musst deine Schule nicht machen, du musst nichts lernen und nie hart arbeiten. Du kannst dein ganzes Leben lang Drogen nehmen, mit deinen Jungs im Wohnzimmer ein bisschen rappen und mit drei Liedern super bekannt und Multimillionär werden. Und den Vorschuss gibt man aus für dicke Karren, Uhren und Klamotten, die man dann auf Social Media zeigt. Social Media ist eine komplette Illusion.

Ich glaube, jeder, der sich in diese Welt begibt, braucht jemanden, der sich auskennt und einen an die Hand nimmt, eine Art Mentor. Sonst ist man schnell verloren. Hätte ich nicht das Wissen, das ich durch meine Eltern mitbekommen habe, würde ich es nicht machen und hätte zu viel Schiss, dass es in die falsche Richtung geht. Ich hätte auch nie die Energie, so viel zu investieren, um berühmt zu werden.

Model oder Realitystar zu werden, war nie mein Berufswunsch. Vor kurzem habe ich meine erste eigene GmbH gegründet, ich gehe in die Immobilienwirtschaft. Darauf arbeite ich schon länger hin, seitdem ich in der Schule ein Praktikum bei einem Immobilienmakler gemacht habe. Als ich genügend Startkapital zusammen hatte, habe ich alle möglichen Kurse, Lehrgänge und Zertifikate gemacht. Es geht dabei nicht nur um das klassische Maklergeschäft, sondern um ein Rundum-Sorglos-Paket mit allem Drum und Dran, von Renovierung bis zum Verkauf. Ich habe mich zusammengetan mit einem Team, das vor ein paar Jahren ein Tonstudio, mit Kameras und Drohnen gegründet hat. Sie werden die digitale Vermarktung übernehmen. Als Model will ich, solange es geht, nebenbei weitermachen. Und Reality-TV würde ich auch wieder machen.

Man muss allerdings vorsichtig sein. Bei Formaten, in denen die Kamera 24/7 dabei ist, muss man ganz genau aufpassen, was man sagt und was man macht. Man muss wissen, dass im Schnitt alles bearbeitet werden kann und man nicht in der Hand hat, was daraus entsteht. Bei *Kampf der Realitystars* gab es mal eine Situation, da kam Gina-Lisa als Gast. Daraufhin wurde ich gefragt, was ich von ihr halte. Ich antwortete: ›Endlich mal ein richtiger Realitystar‹ Dieser Satz wurde aus dem Interview herausgeschnitten und bei meiner Vorstellung verwendet. Es sah also so aus, als hätte ich das über mich selbst gesagt. Bei anderen Leuten wurden Formulierungen, die in Gesprächen an drei verschiedenen Tagen fielen, zu einem Satz zusammengeschnitten.

Außerdem werden gezielt Gerüchte verbreitet und Fragen gestellt, mit der Absicht, Konflikte zu provozieren. In *Kampf der*

Realiytstars habe ich davon zwar nicht viel mitbekommen. Aber ich weiß von anderen großen Reality-Formaten, dass Teilnehmer von der Produktion ganz gezielt Aufgaben erhalten oder Gespräche in eine bestimmte Richtung lenken sollen.

Dass Realityformate in Deutschland als Trash gelten, ist schon nachvollziehbar. Ich glaube trotzdem, dass man solche Sendungen für sich nutzen kann. Wenn man sich halbwegs normal verhält und auch im normalen Leben ein vernünftiger Mensch ist, sollte man da nicht in allzu große Schwierigkeiten geraten. Man darf sich halt nicht auf Sticheleien oder Fake-Streitereien einlassen. Aber sich auch nicht auf der Nase herumtanzen lassen.

Bisher jedenfalls habe ich kaum was an negativen Kommentaren abbekommen. Im Gegenteil, die Resonanz war super. Nach der Ausstrahlung der Folgen, in denen ich dabei war, habe ich insgesamt rund 2000 Nachrichten bekommen. Nach jedem Beitrag kamen zwischen 400 und 500 Nachrichten dazu. Und von all diesen Nachrichten waren zwei negative dabei. Und die bezogen sich auf die Show, nicht auf mich. *Kampf der Realitystars* war nicht der erste Job, den ich im Fernsehen hatte. Angefangen hat es ganz klein, mit privaten Interviews zusammen mit Mama. Da war ich so 13, 14. Und dann arbeitet man sich wie in jedem anderen Beruf ganz klassisch hoch: Auftritt in einer größeren Sendung, und irgendwann landet man in einer großen. Es sei denn, man ist bei einer kleinen Sendung schon so aufgefallen, ist so anders als andere oder so amüsant, dass man direkt in eine große Sendung eingeladen wird.

Schon als Teenager hatte ich zwei Anfragen für Kinofilme, meine Mutter hatte es damals nicht erlaubt. Ich war damals auch noch nicht so weit zu sagen, das will ich machen. Im Gegenteil, ich wollte damit überhaupt nichts zu tun haben. Wenn meine Mutter mich zu einer Filmpremiere mitgenommen hat, bin ich immer hinten am roten Teppich entlanggelaufen, so dass mich keiner gesehen hat. Anfragen kamen trotzdem. Ein paarmal habe ich Nein gesagt und wenn ich Lust darauf hatte, gab's ein Ja.

Wenn Leute positiv auf mich reagieren, freut mich das. Es ist natürlich auch eine Selbstbestätigung. Ich brauche das aber nicht. Ich habe auch kein Problem, wenn mich keiner anspricht. Entscheidend ist, dass man zu hundert Prozent mit sich im Reinen und überzeugt ist davon, was man macht. Sonst geht das nicht. Denn es gibt immer Leute, die etwas Negatives zu sagen haben. Hast du keine Tattoos, sagen Leute, dir würden Tattoos stehen. Hast du Tattoos, sagen die Leute, sie sehen scheiße aus. Bist du dünn, heißt es: Iss mal was. Bist du dick, heißt es: Nimm mal ab. Hast du keine aufgespritzten Lippen, heißt es: Lass dir mal die Lippen machen. Hast du gemachte Lippen, heißt es: Wie sieht das denn aus? Fährst du ein normales Auto, heißt es: Bist wohl pleite. Postest du ein dickes Auto, heißt es: Ist eh nur geleast. Man kann es nicht allen Leuten recht machen.

Worüber ich selbst staune: Ich habe ganze sieben Beiträge auf Instagram gepostet. Trotzdem erhalte ich ständig Angebote für Kooperationen. Von meinem Fitnessstudio, Unternehmen für Zahnmedizin, Kosmetik, Klamotten, aber auch Haushaltsgeräte. Vom elektrischen Staubsauger bis zum festen Abo für EMS-Training und Versicherungsunternehmen. Sogar solche, die auf mehrere Jahre angelegt sind, mit festem Monatsgehalt, für eine Story die Woche.

Ich denke, das hat zum einen damit zu tun, dass meine Posts in Relation dazu, wie wenig ich poste, extrem viele Aufrufe haben. Alle liegen über 100 000 Views, einer hat sogar mehr als 200 000. Zum anderen liegt das auch daran, dass man mich im Gegensatz zu vielen Influencern, die nur auf Instagram unterwegs sind, auch in Printmedien findet oder im Fernsehen. Gibt man meinen Namen bei Google ein, findet man sehr viele Beiträge aus verschiedensten Magazinen und Fernsehsendern. Wie gesagt: Social Media ist eine Illusion.«

Ich finde Pauls Blick hinter die Kulissen des Reality-TV deshalb interessant, weil uns immer wieder Anfragen für solche Shows·erreichen. Und die Möglichkeit, auf diese Weise Reichweite zu gewinnen, manchem reizvoll erscheint. Zumindest ein paar Augenblicke lang. Paul fühlt sich durch die Erfahrung seiner Familie abgehärtet, was ich bemerkenswert finde, wenn man bedenkt, was er durchgemacht hat. Jeder andere aber sollte sich fragen, ob diese Sorte Fake Fame es wert ist, sich derart zur Schau zu stellen.

Männer

Dass bislang überwiegend von weiblichen Models und wenig von männlichen die Rede ist, hat damit zu tun, dass der Markt für männliche Models sich in seinen Mechanismen nicht wesentlich von dem der Frauen unterscheidet. Er ist vor allem kleiner. Das klingt unlogisch, ist aber so. Es gibt einfach nicht so viele Fashionbrands für Männer wie für Frauen. Und das macht sich natürlich auch in der Nachfrage nach männlichen Models bemerkbar. Siebzig Prozent aller Modeljobs gehen an Frauen, dreißig Prozent an Männer. Das hat auch zur Folge, dass männliche Models weniger verdienen als ihre Kolleginnen. Ihre Gagen liegen etwa zwanzig, dreißig Prozent niedriger.

Redaktionelle Jobs fallen bei Männern nahezu komplett weg. Und man unterscheidet auch nicht wie bei den Frauen zwischen Editorial und Commercial. Als reines Kampagnengesicht lässt sich als Mann kaum Geld verdienen. Die ganz speziellen Typen werden, anders als bei den Frauen, nur selten gesucht. Die besten Aussichten, gutes Geld zu verdienen haben daher die klassischen Typen, die sich auch für das Bread&Butter-Business eignen.

Daneben gibt es noch eine Gay-Szene, die für extreme Looks steht. Dort gibt es eine Reihe sehr engagierter Models, manche Designer finden das sehr spannend. Generell ist es so, dass Jungen sich heute mehr trauen, eitler sind und stärker aus sich herauskommen als noch vor zehn Jahren.

Bei MGM haben wir eher die klassischen Typen unter Vertrag. Der hübsche Junge mit dem guten Body hat die besten Chancen, viel zu arbeiten und zu verdienen. Ich habe ein paar gute Jungen entdeckt, die für Dolce & Gabbana arbeiten, für Fendi, für Stone Island, und auch große Kampagnen machen. Mariano di Vaio hat sich bei MGM zu einem sehr erfolgreichen Influencer entwickelt. Ihm folgen mittlerweile fast sechseinhalb Millionen Follower.

In einem Punkt unterscheiden sich männliche allerdings sehr von weiblichen Models. Die Männer beschäftigen sich viel mehr mit ihren Abrechnungen. Die Frauen nehmen das Geschäftliche leichter. Und Männer können sehr anstrengend sein, etwa, wenn sie haargenau wissen wollen, warum ein anderer nach Paris fliegt. Da werden dann Gründe gesucht, analysiert, was nicht passt und pedantisch Vergleiche gezogen. Warum er und nicht ich?

Und noch einen Unterschied gibt es: Je nachdem, wie gut sie altern und wie sich ihr Look entwickelt, können männliche Models länger arbeiten. Einige Männermodels sind timeless, die agieren dann als Familienvater, für Tchibo oder für hochwertige Uhrenmarken. Fallen allerdings die Haare aus, was ja ein typisches Männerproblem ist, sind sie natürlich raus. Es gibt aber auch viele, die bereits mit 28 Schluss machen, um rechtzeitig die Kurve zu kriegen, sich eine Existenz aufzubauen, zu studieren und eine Familie zu gründen.

Ausstrahlung

»Sie hat eine umwerfende Ausstrahlung.« Dieser Satz ist häufig zu hören, wenn von Models die Rede ist. Aber was genau ist damit gemeint? Vor allem definiert sich Ausstrahlung über Präsenz. Dass jemand positiv wahrgenommen wird, hat viel mit Körperspannung und Haltung zu tun. Dazu kommt eine gewisse Offenheit, die man seinem Gegenüber entgegenbringt, das drückt sich auch in Höflichkeit aus: Seinem Gesprächspartner in die Augen zu sehen, ihn direkt anzusprechen und nachzufragen: Wie geht es dir? Mit Ausstrahlung verbindet sich auch Esprit, ein gewisser Entertainmentfaktor und Fröhlichkeit. Und ganz wichtig: alles im richtigen Maß. Es gibt Menschen, die all das zwar haben, dabei aber so überdreht sind, dass es negativ auf sie zurückfällt und nervt.

Gewöhnlich entscheidet der erste Eindruck, die ersten drei Sekunden, ob ein Model Eindruck hinterlässt oder nicht. Trotzdem habe ich mir angewöhnt, mir erst nach der dritten oder vierten Begegnung ein Urteil zu bilden. Beim ersten Besuch in einer Agentur sind viele eingeschüchtert und gehemmt. Aber sobald sich die anfängliche Scheu und Unsicherheit gelegt hat und sie sich akklimatisiert haben, sind die meisten in der Lage, sich so zu zeigen, wie sie tatsächlich sind. Vor allem junge Mädchen, die noch in der Entwicklung stecken, benötigen mehr Zeit. Spätestens nach einem Jahr weiß man dann, mit wem man es zu tun hat.

Bis zu einem gewissen Grad finde ich auch eine Attitüde nicht schlecht. Wie ich mich kleide, wie ich mich bewege, der Sex Appeal. Es gibt Menschen, die sind wahnsinnig erotisch in ihrer Bewegung, können gut mit sich umgehen und ihre Reize gut dosiert einsetzen.

Es gibt Mädchen, die sehe ich heute und habe sie morgen vergessen. Ich kann sehr schnell identifizieren, ob Menschen sich in ihrer Haut wohlfühlen. Wenn ich merke, dass das nicht der Fall ist, lehne ich sofort ab. Als Model muss und kann man viel lernen, manches aber auch nicht.

Und es gibt andere, die betreten einen Raum, und man hat das Gefühl, cool, das ist ein kleiner Rockstar. Ein bisschen Rockstar muss man als Model schon sein. Im Sinne von extrem outgoing, extrovertiert. Das heißt, dass man sich gerne zeigt und inszeniert vor der Kamera, dass man über ein gutes Körpergefühl verfügt, angezogen wie ausgezogen, gut mit Menschen umgehen kann. Man muss verstehen, dass man eine Projektionsfläche für andere ist und damit umgehen können. Das bedeutet einerseits ein Pokerface, andererseits ein Player sein zu können.

Ein Shooting ist wie ein Schlagabtausch. Der Fotograf macht eine Ansage, und das Model macht etwas daraus. »Hey, du bist am Strand von St. Tropez und alle Jungs gucken hinter dir her? Was machst du?« Darauf zu reagieren, verlangt Fantasie, Schauspieltalent, die Gabe, Erotik auszustrahlen. Es ist ein Flirten mit der Kamera. Ob, und wie gut ein Model das kann, hat viel damit zu tun, ob es mit sich selber im Reinen ist. Ob man schon Sex hatte oder nicht. Wie man zu seinem Körper steht. Ob man weiß, wie man auf andere wirkt.

Wer nicht in der Lage ist, darauf zu reagieren, hat schlechte Karten. Bis zu einem gewissen Grad kann man das lernen. Aber die Fantasie, die dazu nötig ist, die hat man, oder man hat sie nicht.

Auch der Gang ist Teil der Ausstrahlung. Wir hatten eine Praktikantin hier, ein sehr hübsches Mädchen, das unbedingt Model werden wollte. Aber die Art ‚wie sie ging, war fürchterlich. Breitbeinig, trampelig, unterirdisch. Unser Coach brachte ihr dann bei, wie man seine Beine in Einklang mit seinem Körper bringt, wie man seinem Gang etwas Feminines verleiht, und wie ein Model richtig läuft. Sie lernte schnell, das machte sie deutlich attraktiver.

Typen, Trends, Diversity

Wir unterscheiden unsere Models in *Editorials* und *Commercials*. Als Editorial bezeichnen wir Models, die sehr modern, speziell und edgy sind, Typen, die nicht klassische Schönheit verkörpern. Als Commercial gelten Models, die dem klassischen Bild einer Traumfrau nahekommen, schön und attraktiv im herkömmlichen Sinn, so perfekt als möglich und das 90-60-90-Ideal repräsentieren. Ein Editorial kann man nicht in einem TV-Spot für Tchibo einsetzen, nicht für Wäsche und für vieles andere auch nicht. Es kann auf dem Catwalk laufen, Magazinjobs oder mal eine Kampagne machen. Ein Commercial hat viel mehr Möglichkeiten zu arbeiten, mit Commercials verdienen Agenturen deutlich mehr Geld.

Abgesehen davon bestimmen Trends die Nachfrage. Gepusht durch das Thema Diversity, sind im Moment Models sehr gefragt, die vom mitteleuropäischen Standard abweichen. Nicht blond, nicht rothaarig, sondern: Asiatinnen, Afrikanerinnen, Models mit dunklerer Haut und dunklem Haar.

Vor zehn Jahren sah das noch ganz anders aus. MGM vertrat so gut wie keine Schwarzen Models, auch keine asiatischen. Wenn ein Schwarzes Model sich vorstellte, habe ich sie für den deutschen Markt nicht aufgenommen, weil von vorneherein klar war, dass es keine Möglichkeiten für sie gibt, gebucht zu werden. Einfach, weil niemand danach gefragt hat. Heute ist das selbstverständlich, jedenfalls in Europa. Da ist unsere Gesellschaft zum Glück viel offener geworden. Dass sich das Spektrum an Typen und Charakteren erweitert hat, finde ich nicht nur gut, es macht vor allem viel mehr Freude, so zu arbeiten. Zumal es auch heute noch große Märkte wie Russland oder China gibt, in denen es absolut keine Nachfrage nach Schwarzen Models gibt.

Der Erfolg Schwarzer Models begann mit Wäsche und Bademode. Bikinis, Slips und BHs sehen an dunklem Teint einfach besser aus als an einem hell- bis weißhäutigem Model. Und verkaufen sich besser. Aber noch viel stärker gepusht hat diese Entwicklung die Nachfrage der Streetwear-Marken. In Deutschland waren das vor allem Labels wie Snipes und Def Shop, auch Zalando hatte seinen Anteil. Streetwear hat auch die großen Fashionlabels stark verändert. Kaum ein großer Brand, der ohne Streetwear-Kollektion auskommt oder Street Culture in seinen Kollektionen verarbeitet. Selbst Dior hat eine Streetwear-Kollektion.

Inzwischen sprechen unsere Scouts auch gezielt Schwarze Mädchen und Jungen an. Dass wir Asiaten aufnehmen, ist relativ neu, auch sie funktionieren gut. Manchmal schlagen die Scouts Leute vor, die ich ziemlich abgefahren finde. Neulich saß hier ein Schwarzes Model im Forum, da dachte ich: Was macht der hier? Als ich ihn fragte, antwortete er: »Ich bin Model.« Sein Style, eine Mischung aus Bronx und Ghetto. Das hat sich inzwischen etabliert. Und ja, ich sah das zunächst anders, aber es ist cool.

Verrückt auch, wie viele Anfragen wir für Transgender-Models seit einiger Zeit haben. Ganz verstehe ich diesen Hype nicht. Gemessen daran, wie wenig Transmenschen es gibt, ist die Aufmerksamkeit, die ihnen derzeit widerfährt, unermesslich groß. Nicht falsch verstehen: Ich finde diese Community toll, und ich finde es richtig und gut, dass auch Minderheiten in unserer Branche sichtbar sind. Aber ich fürchte, viele Unternehmen nutzen den Transgender-Hype derzeit vor allem, um die Regenbogenflagge zu hissen und Woke Washing zu betreiben: Seht her, wie progressiv wir sind! Jedenfalls ist es so, dass die meisten Kunden ganz explizit nach Transgender-Models fragen und das auch kommunizieren.

Vergangenes Jahr haben unsere Scouts in Südamerika das Transgender-Model Carol Leone entdeckt. Wir haben sie unter Vertrag genommen, und sie arbeitet seit vergangenem Herbst von Hamburg aus für Kunden aus ganz Europa. Wir haben gemeinsam Interviews gegeben, in denen es vor allem um ihre Geschichte ging. Was sie erzählt, ist beeindruckend und für viele Menschen aufschlussreich. Aber eigentlich sollte ein Transgender-Model deshalb gebucht werden, weil es als Model überzeugt, unabhängig von seiner sexuellen Identität.

Vielleicht ist es einfach notwendig, dass Transgender für einige Zeit diese besondere Aufmerksamkeit genießen, um künftig als selbstverständlich wahrgenommen zu werden und ebenso selbstverständlich arbeiten zu können, ohne sich unentwegt erklären zu müssen.

Diversity ermöglicht auch eine Reihe von Randkarrieren. Winnie Harlow etwa war das erste Model mit einer Pigmentstörung. Für ihren Auftritt 2014 in *America's Next Top Model* bekam sie große Aufmerksamkeit, weil es mutig und neu war, diese Hautkrankheit nicht als Makel zu verbergen, sondern öffentlich zu zeigen. Sie grenzte sich von anderen, ab und es war nicht überraschend, dass einige Brands das nutzten, ihre Uniqueness zu unterstreichen und ein Statement zu setzen.

Oder Mario Galla, ein sehr bekanntes Männermodel mit einer Beinprothese. Mit Prothese auf den Laufsteg, das ist eine Geschichte, die Mut macht, nicht nur Menschen mit Handicap. Entsprechend oft wurde sie in den Medien erzählt. Dass es in dieser Hinsicht nicht mehr so starre Regeln gibt, finde ich gut. Zugleich muss man eingestehen, dass es sich dabei um Ausnahmeerscheinungen handelt, nicht um Trends. Von Models wie Harlow oder Galla wird erzählt, weil sie von der Norm abweichen, ihre Abweichung genau benannt wird und weil sie für Aufmerksamkeit sorgen.

Meine Nase sagt mir: Handle antizyklisch. Suche jetzt nach Typen, die einen Gegensatz bilden zu den Hypes der Stunde. Irgendwann nämlich werden Transgender-Models und Models mit körperlichen Besonderheiten nicht mehr so stark im Fokus des öffentlichen Interesses stehen und als normal angesehen werden. Ich bin sicher, dass der Prototyp des guten, klassischen Models bald wieder gefragt sein, 90-60-90. Oder gut gebaute Männer, die für Wildnis stehen, so wie in alten Calvin Klein-Kampagnen. Es ist nur eine Frage der Zeit.

Es gab eine Phase, in der extreme Typen sehr gefragt waren. Mit kurzen Haaren, Punkrock-Style, Segelohren und speziellen Nasen. Dann dominierte wieder eine Zeitlang der sehr klassische Look. Eine Weile gab es einen Nature Boom. Models mit Sommersprossen, Models mit Zahnlücken, Models, die sehr natürlich wirken. Zahnlücken mag ich persönlich gerne, wobei das immer jung besetzt ist. Mit 17, 18, 19 ist das niedlich, mit 25 aber nicht mehr so cool.

Und jetzt eben Diversity beziehungsweise Ghetto Diversity. Wie genau diese Trends entstehen, kann ich nicht erklären, dafür bin ich zu wenig Trendanalyst. Grundsätzlich ist es so, dass die stärksten Einflüsse aus Musik, Kunst und Street-Culture stammen. Einer hat eine Idee, ein anderer nimmt sie auf, andere kopieren. Und auf einmal ist ein Phänomen ganz groß und man spricht von einem Trend.

Eines unserer Models arbeitete vor kurzem für Dior. Eine Kampagne mit einem weißen Pferd. In der Folge erschienen fünf weitere Kampagnen, in denen ein weißes Pferd auftauchte. Auf Instagram setzte sich das fort, etliche Influencerinnen und Models posteten Fotos, die sie mit weißem Pferd zeigten. Das weiße Pferd wurde zum Running Gag.

Als Modelagent muss man nicht nur die Trends im Blick haben, sondern auch, dass man von den klassischen Typen immer die besten in der Agentur hat. Ein blondes Model, das ein klares, frisches Gesicht hat, makellos reine Haut, einen blassen Teint, für Natürlichkeit steht und gut ist, baue ich natürlich auf. Denn für diesen Typus besteht immer Nachfrage. In Deutschland genauso wie in Skandinavien. In London gibt es dafür auch einen Markt. In den USA ist es die blonde Sexbombe, die immer geht.

Zugleich muss man aufpassen, dass man von einem Typus nicht zu viele gleiche vertritt. Wir trennen uns gelegentlich aus diesem Grund von Models. Zwei sehr gute blonde Models, die sich ähneln, das funktioniert. Aber eine Dritte, die nicht ganz so stark ist wie die anderen beiden? Wir versuchen das immer zu optimieren, so dass wir von den verschiedenen Typen, die wir vertreten, möglichst die besten haben. Die typische Niveafrau, die Latina mit den Kurven, und die Sexbombe: Diese Typen haben wir immer in der Agentur. Sie werden durchgängig gebucht.

Mit der Zeit entsteht auf diese Weise ein Agenturprofil. Auch wenn man das nicht anstrebt, es entwickelt sich, ob man will oder nicht. Im Vergleich zu anderen Agenturen ist das Profil von MGM relativ klassisch.

Nehmen wir zum Beispiel fab4media, eine Agentur aus Hamburg. Mit den Models, die sie vertritt, bildet sie den größtmöglichen Gegensatz zu dem, wofür wir stehen. Models mit Kurzhaarfrisuren, Models mit extremen Augenbrauen, Models mit sehr langen Schneidezähnen: Da geht es nicht in erster Linie um Schönheit, sondern um auffällige Typen. Das ist ihr Profil und ihr Markenzeichen. Solche Editorial-Typen suchen Kunden insbesondere dann, wenn sie sich abheben und ein Statement setzen wollen. Für solche Fälle ist man bei fab4media gut aufgehoben. Unsere Models sind schöner im klassischen Sinn, andere würden sagen kommerzieller. Aber wir tun uns gegenseitig nicht weh.

Plus Size

Wenn im Modelbusiness über Diversity gesprochen wird, ist meist auch irgendwann von *Plus Size* die Rede. Das Modeportal Fashion Spot etwa veröffentlicht einmal im Jahr einen Diversity-Report. Dabei wird ausgewertet, wie häufig Schwarze Models,

Transgender-Models, Plus-Size-Models und Best-Ager-Models auf Runways, Covern und in Kampagnen zu sehen sind. Tendenz in allen Kategorien: steigend.

Gewicht genauso zu behandeln wie Gender, Herkunft und Alter, halte ich für falsch und für ein Missverständnis. Ich habe andere Erfahrungen gemacht und zu Plus-Size-Models inzwischen auch eine andere Meinung.

Vor einigen Jahren dachte ich, Plus Size entwickele sich zu einem kleinen Markt, mit dem ein bisschen Geld zu verdienen wäre. Allein schon weil die Nachfrage nach Kleidung in großen Größen beachtlich ist. Inzwischen weiß ich es besser: Es ist für eine Agentur wie MGM noch nicht einmal ein kleiner Markt. Es gibt kaum Kampagnen, weil es zu wenige Unternehmen gibt, die Plus-Size-Models buchen. Vier, fünf Marken, das war's. In Deutschland ist das Bon Prix, das gehört zu Otto, die haben eine eigene Plus-Size-Abteilung und produzieren Klamotten bis XXXXXL. Es gibt Spezialversender wie Ulla Popken aus der Nähe von Bremen. Und vereinzelt Modemarken für Ältere, die mal ein Plus-Size-Model buchen. International bekommen wir gar keine Anfragen dafür.

Auch mit Magazinen sieht es mau aus. *Big is beautiful* hieß ein Magazin aus den Niederlanden für »Happy Curvy Ladies«, davon gab es auch einen deutschen Ableger, er ist längst eingestellt. Das *Curvy Magazine* gibt es noch, ich fürchte, das ist auch keine große Erfolgsgeschichte.

Hinzu kommt, dass Plus-Size-Marken überwiegend aus dem Bereich Billigtextilien stammen. Mit der professionellen Modelwelt und deren Verdienstmöglichkeiten hat das nicht viel zu tun. Auch das ist ein Grund, weshalb es schwierig ist, als Plus-Size-Model Karriere zu machen.

Jedem noch so hübschen Mädchen, das sich fragt, ob es lohnt, sich Hoffnungen auf eine Karriere als Plus-Size-Model zu machen, antworte ich ganz nüchtern: wohl nicht. Der Plus-Size-Markt ist alles andere als ein großer, wachsender Teil des Modelmarkts. Auch wenn die öffentlichen Debatten um Curvy Models eventuell anderes vermuten lassen.

Ashley Graham überstrahlt in diesem Segment alles. Sie sieht gut aus, hat ein schönes Gesicht und gute Proportionen. Sie ist ein super Typ, hat Talent zur Selbstdarstellung und damit Celebrity-Status erreicht.

In Deutschland kennt man vielleicht noch Angelina Kirsch. Sie war auch mal bei MGM, aber nicht sonderlich erfolgreich. Mehr als einen durchschnittlichen Monatslohn verdient sie auch jetzt nicht, vermute ich.

Eine Bekannte von mir aus Miami hat eine Agentur, die auf Plus-Size-Models spezialisiert ist. Sie hat zwei Mitarbeiterinnen und muss sich wirklich abrackern, um ihre Models weltweit zu verbuchen. Von einer Kollegin aus den Niederlanden höre ich dasselbe. In meinen Augen ist Plus Size kein spannender Markt, die Zahl guter Models ist überschaubar.

MGM wird Curvy Models nicht länger vertreten und sich aus diesem Segment zurückziehen. Beigetragen zu diesem Entschluss hat auch die Beobachtung, dass Plus-Size-Models in weit höherem Maße mit sich und ihrem Körper unzufrieden sind und sich viel mehr mit ihrem Gewicht und ihrem Aussehen beschäftigen als gewöhnliche Models.

Plus Size beginnt im Modelbusiness bei Konfektionsgröße 42. 42 ist leichtes Plus Size, 44 ist Plus Size, 46 zählt noch dazu. In der Regel muss ein Plus Size-Model für einen Job eine 44 haben. Mit einer 42 läuft sie Gefahr, aus den Klamotten zu fallen. Auch deshalb nehmen Plus-Size-Models pausenlos zu und wieder ab, um wie Hochleistungssportler beim Shooting die passende Form und Figur zu haben. Sie sollen Selbstbewusstsein und Courage verkörpern, nehmen ihren Körper aber häufig als Problem wahr.

Diese Beobachtung hat bei mir ein grundsätzliches Unbehagen ausgelöst. Viele Menschen in den westlichen Konsumgesellschaften sind zu dick. 28 Prozent der Frauen in Deutschland haben Konfektionsgröße 44 und größer. Etliche darunter sind adipös. Übergewicht ist nicht gesund, Übergewicht erhöht etliche Krankheitsrisiken. Viele Frauen und Männer leiden darunter, viele macht es unglücklich.

Der Grundgedanke des Body-Positivity-Ansatzes, dicke Menschen von ihrer Scham zu befreien, sie nicht zu diskriminieren und dafür zu werben, dass es andere Schönheitsideale jenseits einer 34er Konfektion geben kann, ist gut gemeint. Seitdem die Dove Kampagne 2004 damit begonnen hat, ein Tabu zu knacken und vielen Frauen Mut zu machen, hat sich in dieser Hinsicht viel getan. Und auch dazu geführt, dass Curvy Models in den Blickpunkt gerieten. Aber dieses Selbstverständnis darf in meinen Augen nicht zu einer Haltung führen, dass es egal ist, wie man aussieht.

Sollte eine öffentliche Debatte nicht dazu beitragen, ein gutes Körpergefühl zu entwickeln, und ein gesundes Leben zu führen? Machen wir uns nicht was vor, wenn wir Übergewicht zu einer Tugend erklären und betonen, wie schön das sei? Ist es nicht geradezu dekadent, das auch noch zu feiern?

Ich finde, das ist eine verlogene Debatte. Es erinnert mich in der Argumentation an das Greenwashing vieler Unternehmen, die sich Nachhaltigkeit auf die Fahnen schreiben und ein paar Cent an eine Regenwald-Stiftung abführen, um weiterhin mit bedenklichen Produkten dicke Geschäfte zu machen.

Ich verstehe, dass Unternehmen auch Zielgruppen jenseits von Konfektionsgröße 42 ansprechen. Mir widerstrebt aber der Zynismus, mit dem Designer und Marken mit Kleidung in riesigen Größen gut verdienen an Menschen, die mit ihrem Körper oft nicht glücklich sind, aber um des Geschäfts willen gesagt bekommen: Sieht doch alles schön aus. Nein, tut es leider nicht.

Nicht falsch verstehen: Es geht nicht darum, dass jeder perfekt sein muss. Auch nicht darum, permanent in Bestform zu sein. Es muss auch nicht jede und jeder wie ein Model aussehen. Es geht um das richtige Maß.

Man muss sich eingestehen, dass nicht alles schön ist. Und dass gerade im Modelbusiness nicht alles möglich und erlaubt ist. Offenbar sind inzwischen viele Mädchen aber dieser Ansicht. Ich erlebe immer wieder, dass Bewerberinnen zu uns kommen mit der Haltung, egal, in welcher Verfassung sie sich befinden, alles wäre möglich. Sei es, weil sie denken, jedes Pfund zu viel ließe sich wegretuschieren, sei es, weil sie glauben, dass es inzwischen für jede Figur eine Nische findet.

Tatsächlich gibt es ab und an Randkarrieren, etwa, dass jemand mit einer 40er-Konfektion Erfolg hat. Wir hatten mal ein Model, das lag immer zwischen einer 38er- und einer 40er-Konfektion. Für ein gewöhnliches Model war sie zu kräftig, für ein Plus-Size-Model zu zart. Einige Kunden fanden das ganz toll, und sie hat eine Weile gutes Geld verdient. Eine große Karriere ist nicht daraus geworden, vor allem aber: Sie war eine Ausnahme.

So wie wir Verantwortung dafür tragen, keine Models zu vertreten, die zu dünn sind oder mit Essstörungen zu kämpfen haben, müssen wir als Agentur auch Verantwortung in der anderen Richtung übernehmen. Es widerstrebt mir, Körperbilder zu idealisieren, die ebenso gesundheitsschädlich wie Anorexie sind und insbesondere gegenüber Mädchen und jungen Frauen nicht als Vorbild taugen. Und dazu beizutragen, falsche Bilder zu produzieren. Bilder, die Sehnsüchte wecken, Vorstellungen definieren und Vorbilder generieren, wer und wie wir sein wollen.

Nudes

Nacktaufnahmen sind kein großes Tabu mehr. Ein bisschen Haut zu zeigen, seinen Körper in Szene zu setzen, das ist Teil des Geschäfts. Sex sells, das ist einfach so. Doch wie freizügig ein Model sich vor der Kamera zeigen will, entscheidet es ganz allein. Niemand übt in dieser Hinsicht Druck aus, niemand wird verlangen, etwas zu tun, wozu ein Model nicht bereit ist. Um Missverständnisse auszuschließen: Wir sprechen von Modefotografie.

Scheu oder prüde sollte man dennoch nicht sein. Am Set oder auf Schauen muss man sich oft umziehen, steht also häufig oben ohne vor dem Team oder trägt nur einen Bademantel um die Schultern. Man sollte sich in solchen Momenten nicht unwohl fühlen. Und wenn man ein Problem damit hat, unter einem Kleid keinen BH zu tragen, dann ist man in dieser Branche auch nicht richtig.

Wenn man sexy ist und sich so verkaufen will, dann funktioniert das. Als Wäsche- oder Sportswear-Model kann man viel Geld verdienen. Es ist kein Zufall, dass Models mit Sex Appeal wie Kate Upton oder Chrissie Teigen sehr erfolgreich sind.

Eines unserer Models, Elena Kamperi, verdient mit ihrem Körper wahnsinnig viel Geld. Sie weiß, dass sie einen guten Body hat, dass sie sexy ist, und das verkauft sie gnadenlos. Sie hat damit ihre Marktlücke gefunden und ist dabei, eine Marke aus sich zu machen. Wie sie das angeht, finde ich erfrischend und cool. Wenn sie sich so darstellen möchte und sich damit eine Fanbase aufbaut, finde ich das in Ordnung. Elenas Erfolgsgeheimnis besteht darin, dass sie real, super authentisch und sehr dicht an der Zielgruppe dran ist. Wenn ich mit jungen Menschen rede, Elena Kamperi kennen alle.

Junge Models haben oft noch kein Gespür dafür, wie viel man von sich zeigen kann und wo die Grenze verläuft zwischen Erotik und Obszönität. Das kann schnell zur Sackgasse werden. Es gab mal ein Model in der Agentur, das irgendwann anfing, sich auf Instagram dauernd auszuziehen. Bis ich ihr sagte: »Jetzt ist gut, wir haben alles gesehen.« Es passte nicht zu ihr und hatte eine fast zynische Anmutung: Ich habe nicht den erhofften Erfolg, also ziehe ich mich jetzt aus. Dazu kam, dass sie die Bilder selbst machte, wozu sie erkennbar kein Talent hatte. Das Ergebnis war alles andere als cool, denn sie hatte alles ungefiltert und unbearbeitet hochgeladen. Ihre Fanbase fand das teilweise gut, Kunden aber reagierten sehr befremdet. Irgendwann war der Aufwand zu groß, jedes einzelne Foto zu begutachten, darüber zu diskutieren und zu erklären, weshalb sie sich damit keinen Gefallen tut. Wir haben uns von ihr getrennt.

Sitten, Sexismus und MeToo

Die Atmosphäre im Modelbusiness heute ist eine andere als in den 90er oder den Nullerjahren. Man trinkt nicht mehr am Set. Man raucht nicht mehr am Set. Man begegnet sich mit mehr Respekt, es wird anders gearbeitet. Vor allem die Sorte Sexismus, wie sie früher in der Modelbranche weit verbreitet war und als salonfähig galt, ist heute nicht mehr denkbar.

Früher kam es oft vor, dass Fotografen länger geshootet haben und auf einmal waren sie mit dem Model allein im Studio, und am nächsten Tag kam es dann ohne Fotos in die Agentur. Wenn man dann fragte, was los sei, erhielt man meist eine ausweichende Antwort. Meistens endeten die Gespräche an dieser Stelle, aber es war auch so klar, was das zu bedeuten hatte.

Für viele Fotografen der Generation, die heute zwischen 60 und 70 ist, war es Teil ihres Selbstverständnisses, ab und zu mit einem Model ins Bett zu gehen. Heute darauf angesprochen, würden vermutlich alle behaupten, es sei nichts geschehen, was nicht einvernehmlich war. Sicher, es gab immer auch Models, die nicht abgeneigt waren, mit einem Kunden oder Fotografen ins Bett zu gehen. Sei es, dass sie sich Karrierechancen davon versprachen, sei es, weil sie glaubten, es sei Teil des Model-Lifestyles – und manche machten mit, weil sie mitmachen wollten. Doch ich fürchte, das war nicht in jedem Fall so, natürlich wurden Machtpositionen ausgenutzt. Das Motiv »Ich bring dich ganz groß raus!« und dafür eine sexuelle Gegenleistung zu erwarten, war in der Modelbranche genauso verbreitet wie in der Filmbranche.

Ich erinnere mich an einen namhaften Fotografen, der in der Agentur anrief, in der ich damals als Booker arbeitete und sagte: »Marco, fünf und eins.«

Ich hatte nicht verstanden. »Fünf und eins, was heißt das?«, fragte ich.

»Fünf zum Fotografieren, eine zum Ficken.«

Ich war ein junger Booker und fragte ihn: »Wie soll ich das verstehen? Soll ich dir eine Nutte schicken?«

Er antwortete: »Na, so ein billiges Huhn wirst du doch auf Lager haben, die Lust hat, mit uns ein bisschen zu feiern!« Natürlich ging ich nicht darauf ein.

Ich erinnere mich an den Chef einer großen Werbeagentur. An Gespräche, die man sich kaum traut, wiederzugeben. Kaum hatte man Platz genommen, rief er seine Assistentin: »Mäuschen, Mäuschen, komma, Kaffee für Marco und mich!« Dann haute er ihr auf den Hintern und sagte: »Na, Marco, das sind doch mal zwei Bäckchen!« Und dann erzählte er ausführlich, wie geil die neuen Azubis seien. Es war so würdelos, es nervte und es war peinlich, in eine solche Situation gebracht zu werden. Für sie, aber auch für mich. Diese Sorte von Machismo und Übergriffigkeit findet sich heute ab und an noch bei der älteren Generation. Auch in Italien und Frankreich. Da sind zum einen die PAs, Promoter, die Models nach den Shows mit Freikarten versorgen und auf Partys einladen.

Und da kommt es auch noch vor, dass ein Mode-Label-Chef eine Koks- oder Sex-Party schmeißt.

Aber die jungen Booker, Agenten und Fotografen sind in der Regel viel zu sehr mit sich selbst beschäftigt und nehmen auch das Risiko nicht in Kauf, sich mit solchen Geschichten ins Gerede zu bringen. Dafür ist die wirtschaftliche Situation zu angespannt. Vor allem wird ganz anders gearbeitet als früher.

Dabei spielen auch die Sozialen Medien eine wichtige Rolle, sie sorgen für Disziplin und Transparenz. Würde ein Fotograf oder ein Agent gegenüber einem Model übergriffig, läuft er Gefahr, dass das in kürzester Zeit auf Facebook, Instagram oder Twitter publik wird, viral geht und entsprechend große Resonanz erhält. Bis der Beschuldigte reagieren kann, vielleicht einen Anwalt einschaltet, eine einstweilige Verfügung erwirkt, der Post gelöscht ist, dauert es ein paar Tage. Der Ruf ist dann bereits ruiniert, dieses Risiko geht niemand ein. Jeder, der professionell arbeitet und gut im Geschäft ist, wird alles unternehmen, solche Situationen zu vermeiden.

Hinzu kommt, dass im E-Com-Bereich die Teams viel größer sind als früher. Es wird dort auch nicht in einem abgeschiedenen Studio fotografiert. Es arbeiten viel mehr Frauen als Fotografen. Und auch die männlichen Fotografen sind ganz andere Typen als früher. Viele verstehen sich als hochsensible Kreative, denen nichts ferner liegt als der Gedanke, sich als Lebemann und Haudegen zu inszenieren.

Auch die Models sind selbstbewusster. Wir sagen unseren Models: Ruf sofort an, wenn sich etwas zuträgt, was nicht geschehen darf. Eine große Agentur bietet auch einen gewissen Schutz. Denn sollte es zu Belästigungen kommen und die Agentur erfährt davon, wird es für den Betreffenden schnell bedrohlich, wenn das publik wird.

Die MeToo-Debatte hat dazu geführt, dass Agenturen inzwischen bei den meisten Kunden einen *Code of Conduct* unterschreiben, der die Zusammenarbeit genau regelt. Im Kern geht es darum, dass niemand belästigt, genötigt oder psychischer, physischer oder sexueller Gewalt ausgesetzt werden darf. Das ist gut und richtig so. Es hat dazu geführt, dass es heute weitgehend sauber ist. Niemand kann sich übergriffiges Verhalten noch erlauben, kein Agent, kein Booker, kein Fotograf, kein Art Director. Das wäre beruflicher Selbstmord.

Von einem auf den anderen Tag ist man so seinen Jobs los. So wie Terry Richardson, der eine Zeit lang als einer der ganz großen Modefotografen gefeiert wurde. Als sich im Zuge der MeToo-Debatte herausstellte, dass die Gerüchte, die über ihn in Umlauf waren, alle wahr waren, dass er Models zum Sex gedrängt hatte, verlor er alle wichtigen Auftraggeber.

MeToo hat viele richtige Anstöße gegeben und einiges verändert, wenn auch viel zu spät. Aber nicht alles. Es ist eine Illusion zu glauben, dass mit MeToo die Anziehungskraft junger Frauen auf Männer welchen Alters auch immer erloschen ist. Ebenso wenig die Attraktivität einflussreicher, vermögender Männer auf manche Frauen. Es kommt vor, dass Männer meine Nähe oder Freundschaft suchen, weil sie wissen, dass ich Chef einer Modelagentur bin, im Glauben, das brächte Vorteile, um hübsche Frauen kennenzulernen. Es kommt vor, dass angehende Models mir eine Auswahl von sehr sexy Bildern auf mein Handy schicken, nachdem sie sich vorgestellt haben und sich wer weiß was davon versprechen. Und neben den vielen Frauen, die Karriere machen wollen, gibt es nach wie vor auch solche, die eine Abkürzung suchen zu einem sorgenlosen Leben.

Es gab mal ein Model bei uns, von dem mein ganzes Team abgeraten hatte. Ich nahm sie trotzdem auf, weil ich etwas in ihr sah und ihr zumindest eine Chance geben wollte. Sie geriet bald in die Schlagzeilen, als sie ein Verhältnis mit einem Unternehmer anfing, der vierzig Jahre älter war als sie. Als ich sie darauf ansprach, was sie mit einem Mann verbinde, der über 60 ist, antwortete sie offen: das Geld. Sie hatten ein Agreement, das sie verpflichtete, mit ihm öffentlich als Paar aufzutreten, und das auch intime Details regelte. Sie erhielt dafür 15 000 Euro im Monat. Solche Deals gibt es viele, bekannt werden sie so gut wie nie. Gezahlt wird mit Eigentumswohnungen, der Finanzierung einer Ausbildung oder eben einer monatlichen Apanage. Warum ich das erzähle? Weil ich nicht den Eindruck vermitteln will, als hätten Männer und Frauen trotz aller Fortschritte in respektvollem Umgang miteinander in einer Branche, in der sich so vieles um Schönheit, Körper und Sex Appeal dreht, schlagartig aufgehört einander zu begehren und zu benutzen. Es läuft nur anders. Vorsichtiger, diskreter.

Ein Fall von Infamie oder Erfolg schafft Neider

Auch ich musste mich einmal mit einem sehr unangenehmen Vorwurf auseinandersetzen. Acht, neun Jahre ist das her. In der Branche hatte sich herumgesprochen, dass wir sehr erfolgreich waren. Es wurde gestreut, dass wir mit einem großen Kunden doppelt so viel Umsatz machten wie alle anderen Agenturen zusammen.

Eine Woche später bekam ich aus diesem Unternehmen einen Anruf. Ein anonymer Brief sei eingegangen, adressiert an alle Geschäftsführer. Eine junge Frau schrieb, sie müsse etwas loswerden. Immer mittwochs, behauptete sie, hätten in unserer Agentur Partys mit Models und Escorts stattgefunden. Ich, schrieb sie, habe Models gedrängt, Sex mit Kunden zu haben, und gedroht, anderenfalls werde es nichts mit einer Modelkarriere. Ein Kunde habe sie etwas gröber angefasst und gesagt, das machten hier alle so. Aber sie habe sich standhaft geweigert. Der Brief endete damit, dass sie sich außer Landes begeben habe, weil sie sich in Deutschland nicht mehr sicher fühle. Der Brief enthielt keinen Absender, er wurde anonym verschickt, ohne Namen, ohne Unterschrift.

Allein das und die unbeholfene Ausdrucksweise legten nahe, dass der Brief komplett erfunden war. Der Verdacht lag nahe, dass er aus dem Umfeld eines Mitbewerbers stammte, dafür sprach auch die zeitliche Abfolge.

Aber es geschah, was in so einem Fall geschehen muss: Die Sicherheitsabteilung des Konzerns setzte eine Untersuchung an und lud mich zu einer Befragung. Ein Detektivbüro wurde eingeschaltet, der Brief wurde auf Fingerabdrücke untersucht, und man fand heraus, dass er aus den USA abgeschickt worden war. Nach wochenlangen Ermittlungen war klar, dass ich und die Agentur über jeden Verdacht erhaben waren. Mein Glück war, dass es in allen Räumen der Agentur eine Videoüberwachung gibt. Auch dort, wo die Partys angeblich stattgefunden haben sollen. Zugesetzt hat mir dieser Vorwurf dennoch.

Wäre die Person, die das geschrieben hat, ein bisschen cleverer gewesen, hätte sachlicher formuliert, einen Fantasienamen verwendet, den Brief unterschrieben und auf die dramatische Pointe, sie habe das Land vorsorglich verlassen, verzichtet, wäre sie von allen Beteiligten vermutlich ernster genommen worden. So war alles ein bisschen too much, und im Mittelpunkt stand eher die Frage, wer zu einer solche Infamie imstande sein könnte, und weniger, ob die Behauptung vielleicht wahr sein könnte.

Damit war es aber nicht vorbei. Richtig ärgerlich wurde es, als die Velma, der Verband der Modelagenturen, das Thema aufgriff und den Brief an alle unsere Kunden schickte, mit dem Hinweis, dass sie überlegen, rechtliche Schritte einzuleiten. Sie versuchten, Honig daraus zu saugen, indem sie uns an den Pranger stellten und sich alle Mühe gaben, unsere Kunden zu vergraulen. Irgendwann schien auch das ausgestanden. Bis Trittbrettfahrer versuchten, das Thema weiterhin am Köcheln zu halten.

Eines meiner Models bekam von einer kleinen Agentur aus Düsseldorf einen Anruf. »Du bist doch bei Marco, da gibt's doch mittwochs immer Partys und so. Warst du da schon mal? Erzähl mal!«

Sie antwortete: »Marco feiert schon mal eine Party. Aber ich war noch nie dabei und von Mittwoch weiß ich nichts.«

Die Agentur machte daraus: »Das Model bestätigt, dass in Marco Sinervos Agentur regelmäßig Partys stattfinden.« Ich musste meinen Anwalt einschalten, um diese Geschichte gerichtlich klären und geraderücken lassen. So zog sich das alles wie ein elender Kaugummi, immer wieder fand sich jemand, der die Gerüchte aufgriff. Wenn eines unserer Models sich bei anderen Agenturen vorstellte, hieß es: »Da gab's doch mal diesen Skandal!« Irgendwann geriet es dann doch in Vergessenheit.

Ich habe das damals als Warnung aufgefasst, ich habe gemerkt: Da gibt es eine Achillesferse. Wenn mir jemand schaden und mich in Verruf bringen will, dann mit Gerüchten über Drogen und Übergriffigkeit gegenüber Models. Seitdem bin ich sehr vorsichtig. Ich treffe mich mit Models nicht mehr alleine und achte darauf, dass immer jemand aus meinem Team mit dabei ist. Ich mache auch keine Abendtermine mehr. Als Agent muss ich da sehr aufpassen, denn aus solchen Vorwürfen ist schnell eine Waffe geschmiedet.

Ein Mädchen etwa, das überhaupt nicht mehr aufhörte, vorbeizukommen und anzurufen, nachdem ich sie mit relativ harten Worten abgelehnt hatte, schrieb auf ihrer Facebook-Seite: »Marco Sinervo, du kannst mich nicht ficken, auch wenn du es möchtest«.

Ich rief sie an und sagte: »Lösche bitte diesen Post, du tust dir keinen Gefallen damit. Ich muss sonst meinen Anwalt einschalten.«

Inzwischen weiß ich, woher der ominöse Brief kam. Es gibt eine Agentur aus München mit krimineller Energie, die Leute dort hassen uns wie die Pest. Weil wir sehr schnell sehr groß und stark geworden und sehr gut vernetzt sind. Und weil ich das Business anders aufgezogen habe als sie. Vor allem erfolgreicher.

Fotografen

Noch ein paar Sätze zu Fotografen. An ihnen, ihrer Rolle und ihrem Stellenwert wird besonders deutlich, wie sehr sich das Modelbusiness verändert hat.

Auch unterhalb der ganz großen Namen wie Mario Testino oder Bruce Weber, die ebenfalls aus dem Geschäft raus sind, nachdem man ihnen Belästigung gegenüber Models vorgeworfen hat, gibt es eine Reihe von Fotografen mit großen Egos, die schwer damit klarkommen, ihren einstigen Status als Model- und Starfotograf eingebüßt zu haben.

Etwa ein Fotograf aus Hamburg. Früher war er gut im Geschäft, trotz seiner Neigung, alles zu übertreiben. Immer flog er erste Klasse, fand ein Shooting im Freien statt, baute er als Erstes ein Zelt auf und hisste eine Flagge, auf der sein Name stand und darunter: *Hamburg, New York.* Wenn er mich heute nach Jobs fragt, dann sage ich ihm: »Ich mag dich, aber du bist ein Dinosaurier. Wie du arbeitest, das ist nicht mehr zeitgemäß. Equipment leihen, Assistenten einstellen, Kostenvoranschläge in exorbitanter Höhe erstellen, das akzeptieren die Kunden nicht mehr.« Ihm ist nicht zu vermitteln, dass diese Zeit vorbei ist.

Ein anderer, der früher auch 7000 Euro am Tag bekam, begann jedes Shooting damit, ein Lachsbrötchen zu essen. Bekam er es nicht, war er völlig perplex, schrie seine Assistentin zusammen, beleidigte sie, bis sie sich in Gang setzte und mit dem Taxi quer durch die ganze Stadt ein Lachsbrötchen herbeichauffiert wurde. Bevor er das nicht hatte, ging es nicht los, alle mussten warten. Auch er hat nicht mehr viel zu tun.

Noch ein anderer, früher eine große Nummer beim *Stern*, hilft heute Influencerinnen, ihren Instagram-Account mit ein paar professionellen Aufnahmen aufzuhübschen.

Mit Aufkommen des Internets haben viele Fotografen einen Schock erlitten. Sie mussten ihre Bilder online stellen, ihre Arbeit wurde damit vergleichbar. Früher hatte jeder Fotograf eine Mappe, die zeigte er ausgewählten Leuten. Mit einem Portfolio auf einer Homepage ist das anders. Dort kann jeder schnell erkennen: So gut ist das gar nicht.

Spricht man heute mit Fotografen, die früher erfolgreich waren, erzählen sie immer, wie kreativ sie gewesen sind. Aber waren sie das wirklich? Ich bin der Ansicht, sie haben vor allem viel Geld verbrannt. Klar, wenn man ein Topmodel bucht, mit großer Entourage nach Tulum fliegt und ein paar spirituelle Häuptlinge engagiert, dann entsteht ein großartiges Foto. Aber zu welchem Preis? Damals wurde ungeheuer viel Geld verbrannt. Fotos wurden per Overnight durch die halbe Welt geschickt. Assistenten flogen mal eben nach New York, um bei einer Werbeagentur Proofs abzuliefern. Es war selbstverständlich, dass die Chefs der Werbeagenturen mit ans Set flogen. Das hatte nicht immer nur kreative Motive, wurde aber niemals in Frage gestellt. Wie damals mit Ressourcen umgangen wurde, vor allem mit Geld, ist aus heutiger Sicht Wahnsinn.

Auf der anderen Seite die jungen Fotografen, die in den Großstudios von Amazon, Asos oder Zalando auf dem Hocker sitzen und festangestellt für 3000 Euro im Monat knipsen und knipsen und knipsen. Ein Bild nach dem anderen, Qualität fast egal, denn sie ziehen jedes Bild ohnehin durch Photoshop. Stundenlang sitzen sie dann vor dem Computer und retuschieren Details weg. Und stehen dabei in Konkurrenz zu Geräten, sogenannten Freisteller-Maschinen, die Fotografen überflüssig machen. Eine Stylistin drapiert eine Bluse, eine Jacke oder ein T-Shirt, steuert über ein iPad Licht, Kontraste und Hintergrund und betätigt den Auslöser.

Damit kann man 50, 60 Artikel pro Tag fotografieren. Das ist ein ganz anderes Arbeiten als früher. Nicht schön, aber wenn der On-line-Handel weiter so boomt, wird das die Zukunft sein. Theore-tisch braucht man auch keine Hair- und Make-up-Artists mehr, weil man auch Hauttöne und Haarfarben im Nachhinein einfügen kann.

So betrachtet kann man den Fotografen dort keinen Vorwurf machen, wenn man insgeheim denkt: Jetzt nimm doch mal die Windmaschine, ein paar Luftballons oder lass dir sonst was ein-fallen. Das können viele nicht mehr. Viele junge Fotografen kön-nen auch nicht auf Lokation fotografieren, also mit den Gegeben-heiten arbeiten, oder Licht richtig setzen. Der Zeitdruck, unter dem sie stehen, lässt das nicht zu. Kein Wunder, dass viele von ihnen schnell ausgebrannt sind.

Ihnen deshalb vorzuwerfen, sie hätten keinen Anspruch an sich, ihre Arbeit oder ihr Leben, finde ich schwierig. Fotografen, die nicht fotografieren konnten, gab es früher auch. Man hat es nur nicht gesehen. Und sie hatten vier Assistenten, die ihnen das Licht bauten, sich um alles kümmerten, während sie Champagner tran-ken und nur noch auf den Auslöser zu drücken brauchten. Das war kein gutes Vorbild, das muss man den heute Jungen zugute halten.

Eine Balance zu finden zwischen enormem Druck und dem Wunsch nach kreativem Arbeiten, ist nicht leicht. Lange Zeit hat-ten wir auch bei MGM einen Fotografen fest in unserem Team. Aber das handhaben wir jetzt anders. Um kreativ zu arbeiten, zahlt sich eine Festanstellung nicht immer aus. Gerade Fotografen sollten ein bisschen rumkommen und ab und an etwas anderes fotografieren als Models im Studio. Inzwischen arbeiten wir mit freiberuflichen Fotografen zusammen, die alle auch für andere Auf-traggeber tätig sind.

Und dazwischen gibt es eine Reihe von Fotografen, die ein Ge-schäftsmodell für sich gefunden haben, das künstlerischem Anspruch genauso genügt wie Social-Media-Bedürfnissen. Es gibt etwa eine junge Fotografin aus Berlin, die ich sehr schätze für ihre Art, Models so ästhetisch wie erotisch zu fotografieren, Lina Tesch. Was sie aus Models herausholt, ist großartig. Sie macht wirklich tolle Sachen, nicht umsonst hat sie 413 000 Follower. Paul Ripke ist auch einer, der souverän zwischen Anspruch und Social Media agiert.

DON'T BELIEVE THE LIKE

Wie Instagram und Influencer das Modelbusiness verändern

Weihnachten vor fünf Jahren. Ich freute mich auf das Fest und darauf, ein paar Tage ausschließlich mit meiner Frau und meinen Kindern zu verbringen. Der Baum war geschmückt, draußen wurde es bereits dunkel, alles war bereit, als mich eine Mail erreichte. »Dringend« hieß es im Betreff, in Großbuchstaben, ein Kunde. Was es kosten würde, ein Model als Influencerin einzusetzen? Ich schrieb zurück, dass wir nach den Feiertagen gerne darüber sprechen können. Und wünschte Frohe Weihnachten. Sekunden später erreichte mich die nächste Mail. Um Ruhe zu haben und das Thema zu beenden, tippte ich schnell eine Zahl in mein Smartphone. »10 000 Euro! Frohes Fest!«

Die Antwort kam umgehend: »Ist okay«. Die Summe hatte ihn überhaupt nicht beeindruckt.

Also schrieb ich zurück: »Plus 20 Prozent Provision«. Wieder kam die Antwort sofort: »Ist okay.«

Unter dem Weihnachtsbaum dachte ich noch, ob da einer durchdreht. Doch seither führen wir solche Verhandlungen jeden Tag. MGM bekommt am Tag bis zu 150 Anfragen von Kunden, die unsere Models als Influencer buchen wollen. Social Media hat das Modelgeschäft massiv verändert. Vor allem natürlich Instagram.

Lange hatte ich Vorbehalte, bei MGM mit Social Media professionell umzugehen. Aus verschiedenen Gründen. Den Instagram-Account eines Models habe ich als privaten Bereich angesehen, der die Agentur nichts angeht und in den sie nicht eingreifen sollte, auch wenn mir etwas daran missfiele. Aufgabe einer Agentur, so sah ich das, ist es, Models Jobs zu vermitteln. Nicht mehr.

Hinzu kommt, dass Models und Instagram ganz unterschiedliche Intentionen verfolgen. Ein Model übernimmt eine Rolle und gibt der Kampagne eines Kunden ein Gesicht. Dabei kommt es nicht darauf an, ob man sie kennt oder erkennt. Allein ihre Ausstrahlung zählt und ihre Inszenierung zusammen mit dem Produkt. Auf Instagram dagegen geht es darum, ein Bild seiner Persönlichkeit zu entwerfen, von seinen Interessen, Vorlieben, Spleens und Eigenheiten zu erzählen, zu zeigen, wer man ist. Gut ist ein Instagram-Account, wenn er authentisch und damit glaubwürdig ist. Für ein Model gilt das nicht. Es agiert eher wie eine Schauspielerin.

Mit Instagram entstand ein Kanal, Models direkt anzusprechen. Das war zuvor undenkbar. Ein Model konnte nur über die Agentur kontaktiert werden. Auf der Homepage der Agentur erfuhr der Kunde den Vornamen eines Models, seine Maße, sein Alter, und bekam eine Auswahl seiner besten Bilder zu sehen. Ausreichend, um sich einen ersten Eindruck zu bilden, manchmal genügte das auch schon, um das richtige Model für ein Shooting, eine Kampagne oder einen TV-Spot zu buchen. Mittlerweile findet sich neben dem Namen in der Regel auch der Link zum Instagram-Account des Models und die Zahl seiner Follower.

Mit der Möglichkeit, Models via Instagram direkt zu erreichen, entstand ein kleines Schlupfloch: Fashion Label schreiben Models direkt an, sofern sie über eine attraktive Community verfügen, schicken ihnen Turnschuhe, T-Shirts oder was auch immer und bieten 3000 Euro für einen Post. Geld, das an der Agentur vorbei gezahlt wurde. Zunächst sah ich über diese Nebengeschäfte hinweg. Na gut, dachte ich, verdienen sie halt nebenher ein bisschen was dazu.

Gelegentlich kam es deshalb zu Irritationen und zu klärenden Anrufen, in denen der Satz fiel: »War nicht böse gemeint, Marco! Ich wollte mich beim Model nur nochmal für den guten Job bedanken.« Es wurde deutlich, Instagram verändert das Geschäft. Ein vertrauensvolles Verhältnis zwischen Model und Agentur ist seither noch wichtiger, ebenso zwischen Agentur und Kunde. Und klare, vertragliche Abmachungen helfen dabei auch.

Selbstverständlich hat MGM inzwischen eine Social-Media-Abteilung, und sie wird weiter wachsen. Zum einen, weil mit Social-Media-Posts inzwischen gutes Geld verdient wird, zum anderen, weil die Anfragen stark zugenommen haben und es viel Aufwand bedeutet, für den jeweiligen Post das richtige Model zu finden.

Vor allem aber müssen wir als Agentur den Überblick behalten, was unsere Models tun. Sonst verärgern wir unsere Kunden. Es geht natürlich nicht, dass eine Sportschuhmarke ein Model für eine Kampagne bucht, und es auf Instagram gleichzeitig für einen Konkurrenten postet. Man kann als Model auch nicht auf Instagram für PETA werben und zugleich ein Shooting für Pelzmäntel machen. Die Jobs eines Models und seine Posts auf Instagram müssen zusammenpassen. Kein Model hat Interesse, mit Kunden wie Lidl oder Kik zusammenzuarbeiten und sich eine Story auf den Account zu stellen wie: »Super, ich habe mir gerade einen Brotbackautomaten bei Lidl gekauft.« Damit verliert man seine Follower. Als Agentur müssen wir deshalb viel Aufwand betreiben, um Accounts zu checken, zu verbessern und professionell zu begleiten. Die Verträge der Models sind entsprechend geändert worden. Wer einen Vertrag unterzeichnet, gibt die Agentur auch als Kontaktadresse für alle Instagram-Jobs an. Nur so können wir das Geschäft unter Kontrolle behalten.

Die meisten Models verstehen, dass sie besser fahren, wenn sie ihre Instajobs nicht selbst managen und sie vor allem das Verhandeln der Gagen in professionelle Hände legen. Als Agentur achten wir auch darauf, dass Social-Media-Gagen im richtigen Verhältnis zu den Tagessätzen als Model stehen, der Marktwert steigt und keinen Schaden nimmt. Wir unterstützen sie dabei, dass die Bildsprache eines Accounts schlüssig ist, einen gewissen ästhetischen Anspruch hat und Posts nicht anstößig sind. Für manche Models erarbeiten wir Strategien, wie sie kontinuierlich *Quality Follower* dazugewinnen können, für andere erstellen wir einen Leitfaden, wie ihr Account aussehen könnte. Es gibt nicht wenige Models, die super aussehen, wenn sie fotografiert werden, aber von sich selbst nur unvorteilhafte Fotos machen.

Häufig beobachte ich, dass ein Model mit einem guten Account auch vor der Kamera besser arbeitet. Wer sich auf Instagram gut zu präsentieren weiß, kann das in der Regel auch am Set. Das gilt auch umgekehrt. Ein Instagram-Account kann, wenn er nicht geschickt bespielt wird, eine Modelkarriere auch gefährden. Vor kurzem habe ich die Zusammenarbeit mit einem Model beendet, weil sie sich partout nicht weiterentwickelt hat. Auf Instagram gewann sie keine Follower dazu, und die Buchungen blieben auch zunehmend aus. Es gab einen Zusammenhang: immer die gleichen Posen, Motive und Fotos auf Instagram. Genauso einfallslos war sie auch am Set vor der Kamera. Es fand keine Entwicklung statt.

Auch ohne Instagram kann ein Model erfolgreich sein. Die meisten Models allerdings sehen und schätzen die Vorteile und zusätzlichen Möglichkeiten. Vorausgesetzt, man setzt Instagram richtig ein und befolgt ein paar Regeln. Das ist gar nicht so einfach, wie es scheint. Natürlich kann ein Model auf einem Account, der seinen Namen trägt, schreiben und posten, was es möchte. Sie oder er allein entscheidet, was dort zu sehen und zu lesen ist. Doch sobald eine Agentur einen Account verlinkt, muss er professionellen Ansprüchen genügen. Jeder interessierte Auftraggeber sieht sich nicht nur Bilder auf der Homepage der Agentur an, sondern auch das Instagram-Profil des Models. Das führt zu einer Reihe von Fragen, auf die es nicht immer einfache Antworten gibt: Was zeige ich, was nicht? Was könnte schaden, was potenzielle Kunden abschrecken? Ganz privat und allzu persönlich kann ein Model-Account also nicht sein. Diesen Mix aus Spontaneität, Offenheit und Strategie hinzubekommen, ist schwierig. Man muss lernen, Privates zu zeigen, aber nicht allzu Privates. Authentisch zu sein und gleichzeitig aufzupassen, was man postet. Realität abzubilden und gleichzeitig die Folgen zu bedenken. Viele Models tun sich schwer, zu differenzieren. Einige führen neben ihrem offiziellen Account unter einem Nickname noch einen zweiten, privaten Account, nur für Freunde und Vertraute. Doch gerät der Official Account zu steril und zu professionell, macht er auch keinen Sinn, weil Follower dann abspringen.

Am besten setzt jedes Model selbst den Rahmen, was geht und was nicht. Allerdings sieht man sich selbst immer anders, als andere einen wahrnehmen. Deshalb ist es gut, ein Korrektiv an seiner Seite zu haben, jemanden, den man fragen kann: »Wie findest du das?« Ich kann nie Bilder von mir selbst aussuchen. Das müssen immer andere machen.

Diese Grenze zu definieren, ist nicht leicht. Eines unserer Models, Jil Zeletzki, ist mittlerweile auch eine erfolgreiche Bloggerin und Influencerin. Sie beschäftigt sich mit Themen wie Gesundheit, Yoga und Retreats. Sie macht das sehr authentisch. Ihre Follower fragen und kommentieren ihre Posts, da gibt es viel Austausch. Etwa auch zum Thema einer Hautkrankheit, die sie lange geplagt und die sie schließlich in den Griff bekommen hat. Manchmal, finde ich, übertreibt sie es. Etwa, wenn sie erzählt, dass seit drei Tagen ihre Periode vorbei ist. Das macht mir einerseits Sorgen, weil ich das für zu intim halte. Auf der anderen Seite ist es sympathisch, weil es offen und ehrlich ist.

Instagram hat auch den Blick auf Models verändert. Den des Agenten, also meinen, genauso wie den des Kunden. Bei einem Gespräch mit einer Bewerberin spielt der persönliche Eindruck nach wie vor die entscheidende Rolle. Aber ich sehe mir natürlich auch an, wie sie sich auf ihrem Account darstellt, wie viele Follower sie hat und ob sie real sind. Wie viel Traffic gibt es? Wen spricht das an? Für welche Kunden könnte das interessant sein? Hat sie bereits den *Blue Badge* – eine Markierung, die bestätigt, dass es sich um einen reales Konto handelt – und schon ein bisschen Insta-Fame? Sitzt eine junge Frau vor mir, die zwar nicht die optimalen Modelmaße mitbringt, aber 600 000 Follower, werde ich mir natürlich überlegen, ob man sie als Influencerin aufbauen kann.

Unsere Scouts nutzen Instagram auch fürs Casting, ich habe schon davon erzählt. Und stehen oft vor demselben Problem: Die Leute sehen in der Realität nicht so aus wie auf ihrem Account. Meistens, weil die Bilder gnadenlos überretuschiert sind. Auf einem kleinen Smartphone-Display ist das schwer zu erkennen. Viele nehmen die Einladung, sich persönlich vorzustellen, an, obwohl sie wissen, dass der Fake ans Licht kommt, sobald sie die Agentur betreten. Hätte ich mich auf Instagram blond gefärbt gezeigt, würde ich mich niemals trauen, mich mit schwarzen Haaren bei einer Agentur vorzustellen. Die erste Frage lautet dann: »Warum sind Sie dunkelhaarig?« Und das Casting kurz darauf beendet.

Was auf Instagram geht und was nicht und wo die Grenzen liegen, zeigte sich während des ersten Corona-Lockdowns. Weil in Fotostudios nicht gearbeitet werden durfte, schickten einige Kunden ihre Klamotten direkt an Models mit der Bitte: Fotografiere dich selber und poste die Bilder auf Instagram, damit wenigstens ein paar Leute zu sehen bekommen, was es Neues gibt. Das Ergebnis sah oft schlimm aus: Ohne Haare-Make-up, ohne Styling, auf Selfie-Basis. Ich fürchte, diese Bilder haben niemandem geholfen.

Ein professionelles Korrektiv an seiner Seite zu haben, ist auch aus einem anderen Grund wichtig. Instagram verführt zu der Annahme, ständig etwas posten zu müssen. Und fördert die Sucht, sich unentwegt mitzuteilen. Das führt dann dazu, dass man in seiner Verzweiflung einen Teller Hühnersuppe fotografiert und ein Bild von sich mit dicker roter Nase hochlädt, weil man wochenlang nichts gepostet hat. Wer will das sehen? So verlieren Modelaccounts schnell an Glamour und die Follower ihr Interesse, zu folgen. Zu viel Nähe führt auch auf Instagram zur Entzauberung.

Ein gutes Beispiel dafür, wie sehr Instagram und andere Plattformen das Profil eines Models verändern können, ist Elena Kamperi. Ich hatte sie oben schon erwähnt. Elena ist seit drei Jahren bei MGM und hat eine Nische als Bikini- und Wäschemodel gefunden. Hier erzählt sie, wie es dazu kam, dass sie auch auf mehreren Plattformen Erfolge feiert.

»Modeln wollte ich schon immer, ich wusste auch, dass ich das gut kann. Aber ich habe nie die Chance bekommen, es zu zeigen. Ständig bekam ich zu hören, ich hätte nicht die verlangten Körpermaße. Ich bin 1, 70 Meter groß. Lehrer, Mitschüler, vermeintliche Freunde, alle rieten mir ab, auch Modelagenturen.

Irgendwann haben ich und mein Freund dann entschieden, eine Kamera zu kaufen und selbst ein Portfolio zu erstellen. Nicht, um damit zu einer Agentur zu gehen, sondern um die Fotos auf Instagram zu posten. Das war nach dem Abi, ich war gerade 18. Von Beginn an wollte ich es professionell und konsequent angehen und Geld damit verdienen. Das bedeutete auch, dass ein Studium oder eine Ausbildung parallel dazu nicht möglich sein würde.

Das Schwierigste war, herauszufinden, welchen Weg ich einschlagen möchte und wie ich mich sehe. Will ich in Richtung Fashion gehen? Oder lieber Beauty machen? Will ich *Couple Goals* machen, also Bilder, die meinen Freund und mich als Paar zeigen?

Ich habe jeden Tag gepostet und Storys gemacht, und von Anfang an kamen sie richtig gut an. Richtig los ging es dann im Januar 2019. Fotografen wurden auf mich aufmerksam und gaben mir die Chance, zu shooten. Ich machte die ersten kleinen Jobs, und nach und nach kamen Unternehmen und Brands auf mich zu, und ich fing an, Geld zu verdienen. Etwa ein Jahr, nachdem ich mit meinen Bildern auf Instagram angefangen hatte, wurde ich von einem Modelscout von MGM angeschrieben. Zu diesem Zeitpunkt hatte ich etwa 130 000 Follower.

Auf welcher Plattform man startet, ist eigentlich egal. Wenn du erreicht hast, dass Leute dich gut finden und dich feiern, dann folgen sie dir auch zu anderen Plattformen. Das Schwierige ist der Anfang. An den Punkt zu kommen, an dem man bekannt ist, ohne auf Reichweite zu geiern. Leute, die nur auf Reichweite gehen, kaufen Follower. Aber damit verdienst du dir nicht deine Community. Wenn ein Kunde kommt und sagt: Zeig mir deine Statistiken, und es stellt sich heraus, dass du zwar eine Million Follower hast, aber nur 3000 Views: Was bringt dir das? Ich zeige denen 400 000 Storyviews, das ist ein Riesenunterschied. Wenn du professionell arbeiten möchtest, macht es keinen Sinn, darauf zu fokussieren, möglichst schnell möglichst viele Follower einzusammeln. So wirkst du nicht sympathisch, das merken die Leute relativ schnell. Follower zu haben, die hinter dir stehen, egal, was passiert, ist etwas ganz anderes. Je bekannter du bist, umso stärker achten Follower auf jeden kleinen Schritt, den du machst.

Irgendwann lief es von alleine, und ich war im Golden Flow. Als ich die Million geknackt hatte, kamen innerhalb von zwei, drei Wochen noch mal 60 000 Follower dazu, ohne dass ich etwas Besonderes unternommen hätte. Ich habe einfach nur mein Ding weitergemacht.

Instagram ist mein Fundament. Aber mir war früh klar, dass eine Plattform nicht ausreichen würde, um irgendwann einmal seine eigenen Produkte zu vermarkten. Instagram ist sehr oberflächlich. Die Leute folgen dir und finden deine Bilder schön, aber sie lernen deine Persönlichkeit nicht wirklich kennen. Genau das aber bindet die Leute an dich. Deshalb habe ich entschieden, mehr zu machen als Instagram. In vielen Kommentaren hieß es damals, ich würde arrogant auf meinen Bildern wirken. Ich wollte zeigen: Das ist nur das Modelling. Da kann man halt nicht breit grinsen, das geht nicht. Und habe mit Youtube angefangen. Auch, um zu zeigen, was ich noch kann.

Ich rede gerne, ich kommuniziere gerne, ich bin lustig. Ein sehr guter Freund von mir ist bekannt als Comedian. Man sieht seine Videos und lacht sich schlapp. Ich dachte, ich kann das auch. Aber dann merkte ich, ich bin nur lustig in Kombination mit anderen. Alleine in eine Kamera zu sprechen, auf Knopfdruck lustig zu sein oder über ein Thema zu sprechen, das alle spannend finden, das ist nicht meins. Seither mache ich Vlogs und Videos mit lustigen Menschen. Dadurch kommt alles mit einer Leichtigkeit, die auch bei der Community ankommt.

Etwas später wurde ich dann auf Twitch aufmerksam. Du siehst dir Videos an und reagierst darauf. Man interagiert mit Leuten und geht auf sie ein, weil sie dir Fragen stellen. Zusätzlich kam dann das Gaming dazu. Ich war nie vorher in der Gaming-Szene unterwegs gewesen, aber irgendwann habe ich angefangen zu zocken und Sachen wie Warzone zu spielen. Und gemerkt, dass es mir viel Spaß macht, mit den Leuten enger zu kommunizieren als nur auf Instagram unter den Kommentaren.

Wenn man mich fragt, als was ich mich sehe, antworte ich: Als *Social Media Creator*. Eigentlich kann ich nicht genau sagen, was ich bin. Ich finde, das muss ich auch gar nicht. Das Wichtigste für jeden, der in der Social-Media Szene unterwegs ist: selbst zu entscheiden, wer man sein will. Gleichzeitig steht das Modeln für mich an erster Stelle. Das war immer mein Traum. Und weil man das nicht ewig machen kann, will ich die Zeit nutzen, solange ich jung bin, mit dem Modelling komplett durchzustarten. Mit Communitys zu interagieren, das geht auch später noch.

Lange Zeit habe ich auf Instagram vor allem solche Motive gepostet, für die ich die meisten Likes und coole Kommentare bekam. Auf vielen davon war ich sehr freizügig zu sehen. Das war gut für die Reichweite, und ich bin damit bekannt geworden. Aber irgendwann kam ich an den Punkt, an dem ich mich fragte: Ist es wirklich so schlau, auf Instagram solche Bilder zu posten? Ich habe die Erfahrung gemacht, dass Unternehmen und manche Branchen mit mir nicht arbeiten wollten, weil manche Motive nicht konservativ genug waren. Im Februar habe ich dann alle freizügigen Motive gelöscht. Seither sind dort nur noch Unterwäschemotive zu sehen. Ist auch sexy. Und mein Instaaccount ist brandsafe.

Inzwischen habe ich realisiert, dass die Leute mich dafür feiern, wer ich bin. Vor kurzem habe ich ein Bild mit Hoodie gepostet und bekam dafür mehr Likes als für ein Foto in Unterwäsche. Irgendwann geht es nur noch darum zu zeigen, dass du da bist und jeden Tag etwas postest.

Meine Community ist mittlerweile mein Freundeskreis. Hört sich doof an, wenn man über eine Million Follower hat. Natürlich sind das nicht Freunde im klassischen Sinn, sondern Leute, mit denen man auf einer Wellenlänge liegt und mit denen man deshalb gut interagieren kann. Sie teilen meinen Humor, verstehen den Slang, den ich spreche und ermöglichen mir damit, mich in meinen Storys so zu zeigen, wie ich bin. Der Humor ist das Wichtigste, der verbindet ungemein. Klar, ich habe mehr männliche Follower als andere Models. Wenn man Produkte bewirbt, die nur Frauen kaufen, ist das ein Nachteil. Aber ich war nie eine, die Beautyprodukte oder Make-up-Tutorials gezeigt hat. Dafür habe ich mich immer für Autos interessiert, ein Männerthema. Inzwischen habe ich eine Kooperation mit Alfa Romeo. Als erste Frau! Die Verhandlungen haben Monate gedauert, entscheidend war, dass in meiner Community bekannt war, dass Alfas schon immer meine Traumautos waren und ich das auch belegen konnte.

Generell mache ich nicht viele Kooperationen auf Instagram. Aber wenn, dann richtig große Deals. Das kommt auch in der Community besser an, als wenn du in jeder Story Werbung schaltest. Manchmal ergeben sich Deals, an die ich nie gedacht habe. Viele meiner Insider wissen etwa, dass ich mich immer föne, bevor ich ins Bett gehe. Ich schlafe sonst nicht ein. Das führte dazu, dass Dyson auf mich zukam und eine Kooperation anbot. Solche Sachen kann ich mit den vielen Männern in meiner Community bewerben, Lifestyle-Produkte.

Auf Twitch sieht es ganz anders aus. Dort habe ich eine Kooperation mit einem PC-Anbieter. Ich erwähne ihn in meinen Livestreams. Oder sage, dass ich jetzt endlich Spiele spielen kann, weil ich einen ihrer Computer nutze. Oder ich erzähle in meinem Livestream etwas über den neuesten Disneyfilm, dazu gibt es eine Kooperation mit Disney. Ein weiterer Partner ist ein Donationanbieter. Das heißt, der Anbieter zahlt Geld dafür, dass er mein Anbieter ist. Wann immer jemand Geld spendet, also donated, erscheint der Name des Anbieters im Bild.

Geld verdient habe ich auch mit dem Buch, das ich mit dem Fotografen Felix Rachor gemacht habe. Wir haben es in zehn Tagen geshootet, es hat 220 Seiten. Jedes Bild an einem anderen Ort, in einem anderen Outfit, Papier und Einband sehr hochwertig. Es erschien in einer Goldedition und in einer normalen Edition. Dazu ein Magazin, das mich, Felix Rachor und das Team vorstellt und erzählt, wie das Buch entstanden ist und wie wir zusammengearbeitet haben. Die Goldedition hat 110 Euro gekostet, die normale Edition 50. Kaufen konnte man es nur direkt über uns, die gesamte Auflage, 1000 Stück, war schnell weg. Extremer Nebeneffekt war die Nachfrage, die das Buch bei Fotografen ausgelöst hat. Ständig bekam ich Nachrichten: »Wir haben dein Buch gekauft, so krasse Bilder! Können wir bitte mit dir shooten?«

Auch ein gutes Geschäft war der Kalender, den ich 2021 herausgebracht habe, auch wenn es mir dabei nicht ums Geld ging. Ich wollte nie ein Playmate werden oder so einen *Playboy*-Kalender machen, wo du nur eine von vielen bist und danach dein Ruf ruiniert ist. Oder so einen 0815-Kalender, der in jeder Werkstatt hängt. Ich wollte einen Standard setzen. Zeigen, dass ich meinen eigenen Weg gehe. Etwas kreieren, das einmalig ist und wozu vielleicht nur einmal im Leben die Gelegenheit besteht. Wie viele ich davon verkaufe, war mir egal. Der Preis lag bei 190 Euro. Ich wollte, dass die Leute zusammenlegen und ihn sich teilen, jeder einen Monat.

Die Idee dazu entstand spontan bei einem Shooting in einem Berliner Loft. Es war Anfang Oktober, der Fotograf sagte, für einen Kalender viel zu spät. Ich sagte: Komm, wir fangen sofort an. Komplett bescheuert, denn ich bin eine Perfektionistin, was meine Bilder angeht. Gewöhnlich nimmt man sich für ein solches Projekt ein halbes Jahr Zeit. Plant ein Shooting im Schnee, eines vielleicht am Strand in Mexiko, eins in den Bergen, was weiß ich.

Wir haben zwei Tage geshootet, und alles hat geklappt. Die Bilder waren super, aber es reichte nicht für einen Kalender. Also habe ich gesagt: Wir fliegen für fünf Tage nach Griechenland und machen dort den Kalender fertig. Wir haben auf Hochtouren gearbeitet. Jeden Tag standen wir um vier auf, um den Sonnenaufgang zu nutzen. Es war anstrengend, super viel Arbeit. Aber es hat sich gelohnt. Der Kalender hat etwas Künstlerisches und sehr Ästhetisches.

Mehr als mit jeder anderen Plattform verdiene ich mit Onlyfans. Als ich entschieden habe, meine freizügigen Bilder von Instagram runterzunehmen, habe ich gleichzeitig beschlossen, diese Bilder weiterhin zu machen, sie aber auf einer Plattform zu zeigen, auf der ich damit Geld verdiene. Sie sind jetzt auf Onlyfans zu sehen.

Im Grunde ist es dasselbe Prinzip wie Instagram, nur, dass deine Follower dafür bezahlen, um deinen Content zu sehen. Bei Instagram sehen die Leute deinen Content for free und die Brands bezahlen dafür, den Content zu produzieren. Das Gute dabei ist, dass du dich so zeigen kannst, wie du möchtest. Du kannst nur Bikini-Bilder posten, egal: Wenn die Leute zahlen, dann zahlen sie. Mehr als meine Brüste habe ich nie gezeigt und mehr ist auf Onlyfans auch nicht zu sehen. Es handelt sich ausschließlich um ästhetische Bilder. Jedes High-Fashion-Model hat irgendwann mal Boobs out geshootet.

Onlyfans ist eine sehr gute Plattform, um schnell viel Geld zu verdienen. Vor kurzem war zu lesen, dass eine Frau aus Amerika an einem Tag eine Million auf Onlyfans gemacht hat. So viel ist es bei mir nicht, aber es ist auf jeden Fall viel. Corinna Kopf hat öffentlich gesagt, dass sie in acht Wochen zwischen vier und fünf Millionen Dollar Umsatz gemacht hat. Dazu muss man wissen: Das ist nicht irgendein Mädel, das Onlyfans gestartet hat. Sie hatte schon sechs Millionen Follower durch Twitch, Youtube und Instagram. Viele ihrer Follower haben geradezu darauf gewartet, dass sie bei Onlyfans startet. Ihre Community hat sie dabei von Beginn an unterstützt.

Meine Fotos mache ich größtenteils selbst. Oder meine beste Freundin. Sie schießt die Bilder, und ich sage genau, wie ich sie haben möchte. Manchmal macht das auch mein Freund. Er hilft mir auch sehr viel beim Thema Finanzen. Auch sein bester Freund hat uns von Anfang an unterstützt. Wir haben ziemlich viele Jobs an unsere Freunde verteilt. Ich bin etwa nicht talentiert darin, Mails zu schreiben. Leute in meinem Freundeskreis können das gut und übernehmen das. Sie leiten die Mails direkt weiter, ich sehe, was sie antworten, so ist alles sehr transparent. So arbeite ich gerne.

Influencer-Agenturen übernehmen auch solche Aufgaben. Aber keine würde sagen: Komm zu uns, wir sehen eine potenzielle Influencerin in dir. Die kommen alle erst, wenn der Erfolg schon da ist und sie sicher sind, dass sie einen gut vermarkten können. Unter 50 000 Follower will dich keiner. Besser finde ich es, mit Leuten deines Vertrauens zu arbeiten.

Freunde sind mit viel mehr Leidenschaft dabei, als wenn du Leute aus der Branche kennenlernst, die nur Geld in mir sehen. Diese Erfahrung habe ich gemacht, als ich den Kalender produziert habe. Ich hatte zwei Partner, die sich um das Organisatorische und die Logistik kümmern sollten. Letztlich war es aber so, dass ich eigentlich alles gemacht habe. Aus solchen Erfahrungen lernt man. Welche Leute zu dir passen oder, wie in diesem Fall, dass man keine GmbH gründen soll mit Menschen, die man nicht gut kennt. Und dass es besser läuft, wenn man Leute für ihre Arbeit einfach bezahlt. Wie den Cutter, der meine Youtube-Clips schneidet. Am Anfang habe ich das selbst gemacht und saß sechs, acht Stunden an einem Video, manchmal die ganze Nacht durch.

Viele Leute, die mit Modelling anfangen, unterschätzen die Branche. Man muss schon aufpassen. Vor allem, wenn man, wie ich am Anfang, nicht mit Agenturen zusammenarbeitet und kein Management hat. Wenn man versucht, alles allein auf die Schiene zu setzen, ist man ein Ziel für unseriöse Angebote. Da wird Mädels ein Job versprochen, sie denken, das hört sich gut an, fliegen irgendwohin und sind am Ende nur noch damit beschäftigt, aus der Nummer wieder rauszukommen. Weil die Verträge komplett schlimm sind, der Fotograf versucht, dich anzufassen oder es in Richtung Escort geht.

Man muss sehr selbstbewusst sein in der Branche. Das sind viele Models nicht. Selbstbewusst zu agieren, heißt vor allem, nicht aufzugeben, wenn du Absagen bekommst. Ein Nein zu hören, weil du nicht zur Brand passt, oder nicht hübsch genug bist, tut immer weh. Du wirst oberflächlich betrachtet und kriegst tausend Absagen, weil deine Haare zu blond oder deine Augen zu klein sind. Man muss lernen, das nicht persönlich zu nehmen. Denn eine andere Firma sagt: Du passt perfekt zu uns.

Druck entsteht auch auf den Plattformen. Wenn ich zwei Tage lang nichts poste, kommen schon die ersten Kommentare: Lebst du noch? Ich muss mir ständig Gedanken machen und vorausschauend agieren. Was ist der nächste Schritt? Kannst du so weitermachen?

Sobald ich ein Ziel erreicht habe, setze ich mir ein neues. In allen Kategorien, als Model, auf Twitch, auf Instagram. Ich möchte nicht hängenbleiben. Mein nächstes Ziel als Model ist es, ein Cover zu bekommen. Ich denke, die besten Chancen dazu habe ich in Amerika. Außerdem will ich selbst etwas kreieren. Mittlerweile habe ich ein Kamperi-Logo. Im Livestream bei Twitch sieht man es immer groß im Hintergrund. Noch bin ich am Überlegen, in welche Richtung es gehen soll. Was ich schon immer machen wollte, ist Unterwäsche. Damit verbindet man mich, und ich trage das auch super gerne. Inwiefern es Sinn macht, das zu vermarkten, wenn die Community großteils aus Männern besteht? Durch die Kooperationen mit Unterwäsche-Marken habe ich gemerkt, dass viele Männer für ihre Frauen einkaufen.

Wenn man in der Öffentlichkeit steht, sollte man schon mit sich selbst klarkommen, sonst wird das eine depressive Zeit. Egal, ob ich meine Bilder bearbeite, ob ich mich im Spiegel anschaue, ob ich live gehe: Ich sehe mich ständig überall selbst. Ich wollte das von Anfang an, und stand schon immer gerne im Mittelpunkt. In der Öffentlichkeit zu stehen, bedeutet auch, dass nicht alles, was man tut, einer Million Menschen gefällt. Es gibt Leute, die dir nur folgen, um upgedatet zu bleiben und gucken, was du falsch machst und dich anzugreifen. Aber auch solche Leute tragen zu deinem Erfolg bei. Schlechte Publicity ist auch Publicity. Dieser Satz gilt auch auf Social Media. Wenn ich Hate abkriege, versuche ich entweder witzig zu antworten und keine Angriffsfläche zu bieten oder ich ignoriere es einfach. Die Leute finden beides sympathisch, weil ich mich so oder so nicht in eine Opferrolle begebe oder mich beklage.

Kompliziert macht dieses öffentliche Leben die Beziehung zu meinem Freund. Ich gebe 90 Prozent meines Lebens öffentlich preis, mein Leben ist null privat. Entweder bin ich am Modeln oder ich bin live. Oder auf Instagram. Ich bin die ganze Zeit eigentlich nur mit mir selbst beschäftigt. Mein Prinzip war es von Beginn an, mich überall alleine zu zeigen, mich, das Model Elena. Hinzu kam, dass viele Leute mit der Fantasie leben wollen, dass ich niemanden an meiner Seite habe. Das macht es schwierig, eine Beziehung öffentlich zu zeigen, häufig ist das ein Versteckspiel. Es wurden schon ziemlich gemeine Sachen geschrieben, auch über ihn. Je bekannter ich wurde, desto mehr habe ich ihn deshalb aus der Öffentlichkeit rausgehalten. Es ist besser für mich, es ist besser für die Beziehung. Und trotzdem kompliziert.«

Wenn man das liest, könnte man den Eindruck gewinnen, dass Elenas Geschäft auch ohne Agentur läuft. Aber so ist es nicht. Kurz nach dem Gespräch haben wir einen großen Deal für sie verhandelt, eine eigene Kollektion bei einem großen Dessoushersteller. Sie bekommt dafür eine hohe sechsstellige Gage. Weil sie wirklich gut ist. Sie ist kein Fake, wie manche Influencerin, sie hat wirklich einen Draht zu ihrer Community. Elena hat aber auch gemerkt, dass ein Onlyfans-Account bei Kunden nicht nur Begeisterung auslöst.

Die Macht der großen Zahl:
das Geschäftsmodell der Influencer

Was wäre, wenn Instagram seine Regeln ändern würde? Wenn es nicht mehr möglich wäre, Likes, Herzen und hochgereckte Daumen zu verteilen? Die Zahl der Follower nicht mehr angezeigt würde? Algorithmen keinen Fake mehr zuließen? Wenn Instagram sich seiner Ursprünge erinnern würde, Menschen miteinander zu verbinden, statt sich immer mehr zu einer Werbeplattform zu entwickeln? Andeutungen in diese Richtung hat es schon gegeben. Für Influencer hätte das dramatische Folgen, von einem Tag auf den anderen würde ihr Geschäftsmodell zusammenbrechen. Vermutlich wird das so nicht geschehen, nicht in dieser Form und auch nicht bald. Aber dieses Gedankenspiel gibt einen Eindruck davon, wie fragil das Konstrukt ist, auf dem der Erfolg von Influencern beruht.

Auf der Homepage von MGM gibt es neben der Rubrik »Models« auch die Rubrik »Influencer«. Models haben Follower, Influencer werden als Models gebucht: Die Trennlinie verschwimmt zunehmend, es gibt Fälle, in denen kaum zu sagen ist, welcher Begriff besser passt: Model oder Influencer. Es gibt Schnittmengen, es gibt Unterschiede.

Aus Sicht des Modelagenten sind Influencer häufig diejenigen, die nicht die Voraussetzungen mitbringen, um als Model zu arbeiten. Und manchmal versucht sich als Influencer, wer es als Model nicht geschafft hat. Vor allem aber unterscheidet das Geschäftsmodell, wer eher Model, wer eher Influencer ist.

Models werden gebucht aufgrund ihres Aussehens, ihrer Ausstrahlung, ihres Könnens, ihrer Erfahrung, aber nur selten, weil ihr Name Begeisterung und Herzrasen hervorruft. Und wenn, dann hat das seinen Preis. Influencer dagegen sind für Unternehmen vor allem aus zwei Gründen interessant. Zum einen aufgrund ihrer Reichweite, egal, ob sie auf Youtube, Tiktok, Twitch oder Instagram unterwegs sind, zum anderen aufgrund ihrer Glaubwürdigkeit bei ihren Followern.

Viele Leute denken, ein Influencer macht ein Foto und bekommt irre viel Geld dafür. Das ist nicht falsch, was dabei aber oft untergeht: Es dauert oft Jahre, so weit zu kommen. Eine Reichweite aufzubauen, auf der sich ein Geschäftsmodell errichten lässt, das bedeutet viel Arbeit. Mit der Community zu kommunizieren, Fragen zu beantworten, zu kommentieren, mit den Followern Kontakt zu halten, das ist ein Aufwand, der von außen oft nicht leicht zu erkennen ist.

Sobald ein Influencer die erste Anfrage für eine Kooperation erhält, folgt seine Karriere einem Muster. Der erste Werbepost, die erste Gage: Hurra! Großartig! Von da an scheint alles von alleine zu laufen, und sie nehmen alles mit, was kommt. Erst recht, wenn die Gagen höher ausfallen. Die erste Kooperation, die 10 000 Euro einbringt? Yes! Dieselbe Summe gleich noch mal, auch wenn der Vertrag schon nicht mehr auf eine Seite passt? Na wenn schon!

Meist hilft in dieser Phase eine gute Freundin beim Beantworten der Mails, assistiert beim Styling oder macht die Fotos. Manchmal finden in dieser Zeit richtig gute Teams zusammen, die miteinander und an ihren Aufgaben wachsen und gemeinsam erfolgreich werden. Xenia Adonts etwa, eine Influencerin, die ich sehr schätze, arbeitet seit Jahren mit ihrem Freund zusammen. Er fotografiert sehr gut, macht das Management, beide kommen mit ihren Rollen klar und arbeiten sehr professionell. Aber das ist die Ausnahme.

Die Mehrzahl der Influencer gerät irgendwann an den Punkt, an dem sie merken, dass sie alleine nicht mehr weiterkommen. An dem sie zum ersten Mal Stress mit einem Kunden bekommen. An dem sie feststellen, dass nicht alles, was Geld bringt, auch Sinn ergibt. An dem sie die Erfahrung machen, dass Follower nicht bedingungslos alles liken und sich genauso schnell ab- wie zuwenden. An dem sie erkennen, dass die Möglichkeiten von Instagram beschränkt sind. Und Influencertum ab einem gewissen Level komplexer ist als zu Beginn, als alles leicht und spielerisch erschien.

An diesem Punkt suchen viele angehende Influencer Rat und Unterstützung. Manche wenden sich dann an sogenannte »Managements«, meistens sind das ausgelagerte Büros, die oft nicht mehr als eine Art von Assistenz anbieten.

Es gibt auch Managements, die professioneller arbeiten und versuchen, den Influencer zu einer Marke aufzubauen. Dafür sorgen, dass sein Name als Wort-Bild-Marke eingetragen wird, oder bei strategischen Fragen helfen: Welchen Content erstellen, welche Themen besetzen? Welche Kooperationen eingehen? Welche besser nicht? Ein Influencer ist ja kein gelernter Marketingexperte, er sortiert eigentlich nur: Wer bietet mir wie viel Geld? Ob Angebote auch passen, ist vielen erstmal egal.

Dann gibt's *Influencer-Marketing-Agenture*n wie Puls oder Closer, die Kampagnen für werbetreibende Unternehmen umsetzen. Sie werden vor allem von großen Brands genutzt wie Nestlé oder Lidl, denen das Wissen fehlt: Was ist ein guter Preis für einen Influencer? Auf welche Zahlen muss man achten? Die Agentur stellt Kontakte her, recherchiert, brieft, unterstützt die Umsetzung und die Auswertung.

Es gibt zwei Modelle: Entweder ist man exklusiv bei einer Agentur, dann nimmt sie 20 Prozent. Falls der Influencer teilweise auf eigene Rechnung arbeitet, nimmt die Agentur 30 Prozent.

Manche Influencer sehen darin, bei einer Agentur zu sein oder ein Management zu haben, auch den Beweis, es geschafft zu haben. Bei einigen kommt auch so eine Attitüde dazu: Ich spreche nicht direkt mit meinen Kunden, das macht mein Manager.

Häufig erfüllen sich die Erwartungen und Hoffnungen aber nicht. Von vielen Influencern höre ich, dass ihnen das Management oder die Influencer-Marketing-Agentur nicht viel gebracht hat. Das liegt in meinen Augen auch daran, dass die Leute dort sehr reaktiv arbeiten, also Mails beantworten, aber nicht aktiv den Kontakt zu Kunden herstellen. Und auch daran, dass es in diesen Agenturen sehr viele Wechsel gibt. Die Leute, die dort arbeiten, kommen in der Regel aus der Werbung, aus Social-Media-Agenturen oder aus den Social-Media-Abteilungen von Unternehmen, es ist ein ständiges Kommen und Gehen dort. Jeder, der das Ziel hat, sich langfristig und nachhaltig zu entwickeln und mit dem Gedanken spielt, sich einer solchen Agentur anzuschließen, sollte das wissen.

Kurz nach dem ersten Lockdown hatte sich eine bekannte Influencer-Marketing-Agentur MGM zum Kauf angeboten. Im ersten Moment fand ich die Idee sehr reizvoll. Aber nach einem Blick in die Bücher habe ich davon abgesehen. Es war nicht rentabel. Inzwischen weiß ich auch von anderen Agenturen, wie viel sie umsetzen und verdienen. Und bin überrascht, wie wenig das ist. Was daran liegt, dass viele Agenturen eine entscheidende Schwachstelle haben: Sie verfügen weder über ausreichend viele noch über wirklich gute Kontakte.

Anders als MGM. Die meisten Influencerinnen, die bei MGM unter Vertrag stehen, haben sich für uns entschieden, sobald sie festgestellt haben, dass sie immer die gleichen Anfragen erreichen. Sie kommen zu uns in der Hoffnung, an Jobs, Aufträge und Fotos zu kommen, mit denen sie ihre Accounts wertiger und spannender gestalten können. Ich möchte gerne mal mit Chanel arbeiten oder mit Dolce & Gabbana, heißt es dann. Sie wollen in Magazinen stattfinden. Oder im Fernsehen. Sie benötigen PR, um ihr Profil und ihre Marke zu schärfen. Oder planen, eine *Capsule Collection* mit einem Fashionlabel zu entwickeln. Als Agentur können wir sie dabei unterstützen, eine Karriere zu planen und sorgfältig aufzubauen. Und Kontakt zu internationalen Kunden herzustellen. Viele reizt vor allem das internationale Netzwerk von MGM.

Zugleich offenbart sich in den ersten Gesprächen, die wir führen, häufig ein Dilemma. Denn Influencer, die ohne Agentur schon ein bisschen Geld verdient haben, wollen sich ungern in die Karten sehen lassen und auch weiterhin ein bisschen Selbstmanagement betreiben. Meistens geht es darum, dass sie mit den Kunden, die sie selbst akquiriert haben, weiterhin arbeiten möchten, ohne Provision an die Agentur zu zahlen. Anfangs war ich aus den genannten Gründen nachgiebig in diesem Punkt. Aber inzwischen weiß ich, dass ich Influencer nur erfolgreich vertreten kann, wenn alles über ihr Geschäft offen liegt und sauber geregelt ist. Da muss absolute Transparenz herrschen, alles andere kann eine Agentur nicht akzeptieren. Vielen gefällt das nicht. Aber nur so kann die Agentur die richtigen Entscheidungen treffen. Im Grunde ist die Vereinbarung ganz einfach: Die Influencer zahlen Provision und bekommen von der Agentur volle Unterstützung. Worin wir Influencer nicht unterstützen ist, ihre Reichweiten zu erhöhen. Mit Followern zu kommunizieren, sich selbst zu verlinken, das ist allein Aufgabe der Influencer und Models. Das ist Fleißarbeit, das können wir nicht abbilden.

Der erste Eindruck spielt bei Instagram eine große, wenn nicht die entscheidende Rolle. Er entscheidet darüber, ob man auf einem Account hängen bleibt, folgt, liked und kommentiert, und er steuert die Wahrnehmung. Das erste, was ein User neben Profilfoto und Namen sieht, ist die Followerzahl. Viele Follower bedeuten hohe Reichweite, hohe Reichweite steht für hohen Marktwert, hoher Marktwert für hohe Gagen. Eine einfache Gleichung. Zumindest auf den ersten Blick.

Die Macht der großen Zahl: Sie funktioniert nirgendwo besser als auf Instagram. 600 0000 Follower? Wow, das sehe ich mir an! Die große Zahl schafft Aufmerksamkeit. Das geht mir als Agent so und Labels, Marken und Unternehmen nicht anders. Die große Zahl öffnet die Tür. Was folgt, ist manchmal sehr ernüchternd, für alle Beteiligten. Denn genauso verbreitet wie die Anziehungskraft großer Zahlen ist das Wissen, dass diese Zahlen nicht stimmen.

Die traurige Wahrheit ist: Je größer die Zahl der Follower ist, umso höher die Wahrscheinlichkeit, dass ein Teil der Follower nicht echt, sondern dazugekauft ist. Gekaufte Follower, das sind in der Regel Bots, kleine Programme, die den Anschein erzeugen, real zu sein und deren einziges Ziel es ist, die Reichweite künstlich aufzublähen. Sobald jemand mehr als eine Million Follower hat, kann man davon ausgehen, dass die Hälfte gekauft ist. 50 Prozent *Fake Follower*, das ist ein guter Richtwert. Jeder, der mit Influencern arbeitet, weiß das und kann die Zahlen entsprechend bewerten. Ich kenne keinen Influencer und auch kein Model, das im Bereich von 100 000 Followern liegt und keine gekauften Follower hat. Das hat sich so etabliert, das ist ein offenes Geheimnis und noch nicht mal teuer. 100 Fake Follower kosten 2, 99 Euro, 10 000 gibt's ab 39,90 Euro.

Inzwischen sind die Tools kreativer. Man kann etwa einstellen, dass die Fake Follower nicht auf einen Schlag dazu kommen, sondern verteilt über mehrere Tage und Wochen. So entsteht in der Verlaufskurve der Follower in den Insights eine gleichmäßig steil ansteigende Gerade und keine Treppe: Für jeden Kundigen ist das ein sicheres Indiz für gekaufte Follower.

Häufig kommen Fake Follower aus Russland, der Türkei, Brasilien und Indien. Insbesondere, wenn der Content in einer lokalen Sprache, etwa deutsch, gepostet wird und der Anteil an ausländischen Followern hoch ist, ist das ein Indiz für Fake. Dabei muss man unterscheiden. *Fashion* oder *Travel Influencer* haben gewöhnlich eine internationalere Community, ebenso Accounts, bei denen Fotos und Videos im Vordergrund stehen und nicht Text oder gesprochene Inhalte.

Wer keine Follower kauft, macht es halt nicht. Dem ergeht es dann wie manchem Model. Unter Models ist es üblich, sich bei der Angabe der Größe auf Set Card und Homepage zwei Zentimeter größer zu machen. Das wissen auch die Unternehmen, Redaktionen und Werbeagenturen, die Models buchen. Und ziehen bei der Planung insgeheim zwei Zentimeter von der offiziellen Angabe ab. Probleme gibt es nur, wenn ein Model seine Größe ausnahmsweise korrekt angibt. Der Kunde nämlich zieht automatisch zwei Zentimeter ab. Und dann sind die ausgewählten Klamotten eben zu klein, zu eng oder zu kurz.

In den Fake Followern sehe ich vor allem einen Auftrag für Instagram, bessere Algorithmen zu schreiben. Bei Youtube gab's vor einiger Zeit mal einen Erdrutsch, als ganz viele Accounts bereinigt wurden, doppelte und inaktive Follower gelöscht wurden. Dadurch hatten viele YouTuber auf einmal deutlich weniger Follower. Seitdem aber weiß man, dass bei Youtube die Zahlen verlässlicher sind, *Google* hat da gute Arbeit geleistet.

Wie real die Followerzahl eines Accounts ist, lässt sich auf den zweiten Blick einschätzen. Indem man sich ansieht, wie viele Likes und Kommentare die Posts im Schnitt erhalten. Das Verhältnis von Followerzahl, Likes und Kommentaren nennt man *Conversion Rate*, den Umrechnungskurs. Hat ein Influencer vier Millionen Follower, aber seine Posts werden im Schnitt nur 20 000 mal geliked, bedeutet das: Nur jeder zweihundertste Follower reagiert, das ist sehr wenig, eine sehr schwache Conversion-Rate, die nur einen Schluss zulässt: Der Account besteht aus vielen Fake Followern. Nicht nur Influencer kaufen Follower. Eine Agentur aus Hamburg hatte von einem auf den anderen Tag 200 000 neue Follower, gleichzeitig aber nur ein paar Kommentare unter seinen Posts. Jeder in der Branche wusste sofort Bescheid, sehr peinlich. Man kann auch Likes für einzelne Posts kaufen. Dass es sich auch dabei um Bots handelt, erkennt man daran, wenn in den Kommentaren nur ein Herz oder ein Daumen zu sehen ist. Das lässt sich leichter programmieren als ein paar freundliche Worte in verschiedenen Sprachen.

Sehen wir uns mal ein paar Influencer an, Lisa und Lena etwa. Das sind diese Zwillinge aus Stuttgart, die von ihrer Mutter gemanagt werden. 16,9 Millionen Follower auf Instagram, 12,5 Millionen auf Tiktok. Pro Post bekommen sie zwischen 100 000 und 120 000 Likes und 400 bis 500 Kommentare. Das heißt, nicht einmal ein Prozent der Follower reagieren, das ist kein guter Wert.

Oder Emily Ratajkowski, unter Models eine der Großen. Von ihren 28,9 Millionen Followern reagieren in der Regel 500 000 bis 800 000. Gelegentlich gibt es bei ihr auch Posts, etwa als sie schwanger war und ihren Babybauch gezeigt hat, die mehr als zwei Millionen Likes erhalten. Das ist schon besser. Aber auch bei ihr sind mit Sicherheit Fake Follower im Spiel.

Mary Braun, Model bei MGM, hat gut 109 000 Follower und bekommt pro Post rund 10 000 bis 12 000 Likes. Das ist eine recht gute Conversion.

Viele Kunden setzen deshalb auf Mikroinfluencer wie Antonia Sophie oder Wioleta Psiuk. Antonia hat 32 000 Follower, Wioleta 113 000. Das sind zwar überschaubare Reichweiten, aber die Follower reagieren engagierter. Da wird kommentiert und gefragt: »Echt toll, was ist das für eine Bluse?« Es wird Kritik geäußert: »Mit langen Haaren fand ich dich besser.« Da findet ein richtiger Austausch statt. Viele Unternehmen sehen darin das glaubwürdigere Modell. Häufig ist in diesen Communitys auch die Bereitschaft größer, ein empfohlenes Produkt zu kaufen als bei Influencern, in deren Kommentarspalten oft seitenweise nur hochgereckte Daumen und Herzchen zu sehen sind. Mary verdient als Influencerin rund 15 bis 20 000 Euro im Monat zusätzlich zu ihrer Gage als Model.

Der Markt, auf dem Influencer unterwegs sind, ist ständig in Bewegung. Sandra Kubicka etwa hat 635 000 Follower. Seitdem wir sie als Host für die polnische Ausgabe von *Polands Next Top Model* vermittelt haben, ist sie in Polen eine richtig große Nummer. Die polnische Heidi Klum. Damit hat sich ihr Wert als Influencerin enorm erhöht. Wenn deutsche Kunden auf den polnischen Markt wollen, ist Sandra der optimale Vertriebskanal.

Unentwegt entwickeln Unternehmen neue Ansätze, mit Influencern zusammen zu arbeiten. Lidl etwa kauft Models und Influencer mit großer Fanbase ein, um Produkte mit deren Namen zu vermarkten. Das Model bekommt Produkte präsentiert, kann auswählen, welche sie mit ihrem Namen verknüpfen möchte. Das geht in Richtung Testimonial, da ist viel Geld im Spiel, Lidl verkauft seine Produkte in 26 Ländern. Bisher haben wir bei solchen Angeboten immer abgesagt. Weil weder Models noch Influencer mit Lidl arbeiten wollten. Inzwischen sind die Befindlichkeiten und die Arroganz nicht mehr so groß. Fotografen sagen zu, die zuvor abgesagt haben, ebenso Hair-Make-up-Artists. Auch Models bestehen nicht mehr auf Maximalforderungen, was ihre Gagen angeht. Die Coronazeit hat da manches zurechtgerückt. Vielleicht ist das ganz heilsam.

Nichts als die Wahrheit: ein Blick auf Zahlen und Daten

Abgesehen davon, dass Models mehr verdienen, haben sie einen weiteren großen Vorteil gegenüber Influencern: Sie haben nicht den Hassle, dass alles, was sie tun, erfasst und gecheckt wird und in Daten abzulesen ist. Alles, was ein Influencer auf seinem Account unternimmt, kann ausgewertet werden. Und wird ausgewertet. Die Tools, Instagram zu screenen, werden immer besser und genauer. Vor allem Kunden haben natürlich ein Interesse daran, so viel wie möglich über einen Influencer zu erfahren: Wie viele Posts gibt es zu diesem Thema, wie viele zu jenem? Wie viele Likes, wie viele Kommentare? Wie setzt sich die Community zusammen?

Ein genaueres Bild, wie groß die Zahl der Follower tatsächlich ist, wie eng sie mit einem Account vernetzt sind und wie hoch der Wert eines Influencers für eine Marke ist, ergibt sich mit einem Blick in die *Insights*. Was der Geschäftsbericht für ein Unternehmen, sind die Insights für den Influencer. Sie geben Antworten auf nahezu jede Frage. Wie hoch ist die *Engagement Rate?* Entwickeln sich die Followerzahlen kontinuierlich oder sprunghaft? Reagieren die Follower auf Empfehlungen? Wenn ja, auf welche? Nutzen sie Rabattcodes? Allein der Influencer hat Zugriff auf diese Daten, sie herauszugeben, ist Voraussetzung für jeden Deal mit einem Unternehmen. Auf welche Daten es besonders ankommt, dazu gleich mehr.

Caro Daur kenne ich schon lange. Sie lebt in Hamburg, und es gab mal Gespräche, ob MGM sie vertritt, aber wir kamen nicht zusammen. Dass sie als Influencerin so eine Karriere macht, hätte ich damals nicht gedacht. Für ein Model ist Caro Daur zu klein, aber sie ist cool und charismatisch. Genau das zählt auf Instagram. Sie ist sehr stylish unterwegs, ihre Bildsprache ist gut, ihre Fotos haben eine eigene Ästhetik. 3,4 Millionen Follower hat Caro Daur, das ist eine Zahl, die Aufmerksamkeit weckt. Caro Daur als Deutschlands bekannteste Influencerin zu bezeichnen, ist keine Übertreibung, auch wenn andere noch mehr Follower haben. Das liegt auch daran, dass sie eben nicht nur auf Instagram stattfindet, sondern ihren Insta Fame geschickt nutzt, um auch auf anderen Bühnen unterwegs zu sein: auf Fashion Shows, in Zeitschriften, im Fernsehen.

Sehen wir uns ihren Account und ihre Zahlen mal genauer an. *Infludata* heißt ein Programm, das aufgrund öffentlich zugänglicher Zahlen die Qualität eines Accounts hochrechnet und damit Hinweise gibt auf den Wert eines Influencers. Agenturen und Unternehmen verwenden es, um einen ersten Eindruck von einem Influencer zu gewinnen. Über Caro Daur erfährt man damit Folgendes: Zunächst sieht man ein Diagramm, das die Entwicklung ihrer Follower zeigt, eine gerade Linie von links unten nach rechts oben. Das bedeutet, dass von Oktober 2018 bis Januar 2021 die Zahl von rund 1,6 Millionen auf 2,8 Millionen gestiegen ist. Darunter befindet sich ein farbiger Button, der den Gesamtscore angibt, »eine grobe Einschätzung über Qualität und Leistung eines Influencers«. Bei Caro Daur liegt er bei 4.0. Maximal erreichbar sind 10.0. Auf den darauf folgenden Seiten wird deutlich, warum er so niedrig ausfällt. Das Wachstum ihrer Follower wird als hervorragend bewertet, ebenso die Zahl und die Frequenz der Posts. »Mehr als zweimal pro Woche. Das ist häufiger als andere Influencer posten.« Was den Gesamtscore nach unten zieht, sind die Likes und Kommentare. »Die Anzahl der Kommentare« heißt es dort, »ist sehr gering, was auf ein inaktives Publikum hindeutet.« Die Engagement Rate liegt unter dem Durchschnitt. Auch die Verteilung der Kommentare und Likes zwischen den Posts weist darauf hin, dass »Nutzer nicht darauf achten, was ihnen gefällt«. Anders gesagt: ein Hinweis auf gekaufte Follower.

Aus den *Brand Mentions* geht hervor, welche Marken in den Posts am häufigsten genannt werden. Bei Caro Daur schneiden Prada, Dior und Fendi besonders gut ab.

Die *Audience Analyse* schlüsselt auf, wie sich die Follower zusammensetzen, sortiert nach Ländern (25,5% Deutschland) und Städten (5,3% Berlin), Sprachen (43,5% Englisch) und Geschlecht (61% weiblich), und welche Marken die Follower favorisieren: Ideal Of Sweden, Zara, Na-Kd. Am spannendsten: Die Aufteilung der *Audience* nach echten Followern, Verdächtigen/Inaktiven, Massenfollowern und anderen Influencern. 65 Prozent ihrer Follower sind weiblich, das Durchschnittalter ihrer Community liegt zwischen 25 und 34.

Der Anteil der echten Follower bei Caro Daur liegt bei 62 Prozent. Das sind über 2 Millionen.

Entscheidend ist, eine Zahl wie diese richtig einordnen zu können. Zwei Millionen reale Follower, das ist eine große, beeindruckende Zahl, wenn man ein Produkt bewerben will. Und für viele Marken möglicherweise attraktiver, als in einer Zeitung oder einem Magazin zu inserieren.

Innenansicht: Alisa Türck, Unternehmerin und Digital Expertin

Seitdem ein Kunde mich an Weihnachten hartnäckig mit seinen Mails verfolgte, habe ich viel über Influencer und ihr Geschäftsmodell gelernt. Doch es gibt Menschen, die einen anderen Zugang dazu haben, allein schon deshalb, weil sie aus einer anderen Perspektive auf Social Media blicken als ein Modelagent. Alisa Türck war viele Jahre Geschäftsführerin von *pilot*, einer der größten inhabergeführten Mediaagenturen Deutschlands. Mittlerweile hat sie ihre eigene Unternehmensberatung im Bereich Digitale Transformation, Digitale Geschäftsmodelle und Nachhaltigkeit und berät auch MGM. Für dieses Buch habe ich lange mit Alisa Türck über Mechanismen des Influencer Business gesprochen, auch, wohin sich dieses Business entwickeln wird. Ich habe einiges dazu gelernt.

»Influencer Marketing basiert auf der ältesten Werbeform, die es gibt, der Mundpropaganda. Ein Social Media Creator macht nichts anders als die Nachbarin, die ihren tollen neuen Pullover zeigt: Er empfiehlt ein Produkt, von dem er überzeugt ist. Der Follower nimmt seine Empfehlung ernst und folgt ihm, weil er ihm vertraut, einiges über ihn weiß und sich in seiner Gesellschaft gut aufgehoben fühlt. Zwei Drittel der 16- bis 30-Jährigen haben bereits Produkte gekauft, die von Influencern vorgestellt wurden. Das liegt auch daran, dass diese Zielgruppe Werbung in viel geringerem Umfang ausgesetzt ist als etwa die Generation der *Baby Boomer*, die in einer Zeit aufwuchs, in der TV-Werbung eine große Rolle spielte. Die 16- bis 30-Jährigen kaufen keine Magazine, sehen wenig fern und wenn doch, dann *Netflix*, wo es keine Werbung gibt. Mediatheken sind frei von Werbung, auch in Podcasts gibt es kaum Werbeformate. Mit Werbung kommen sie allenfalls in Kontakt, wenn sie draußen unterwegs sind und ein Plakat in ihr Blickfeld gerät. Die Mehrzahl jugendlicher Follower sieht in Influencern nicht Werbefiguren, sondern Leute, die Produkte vorstellen und testen. Markenkooperationen werden in der Social Media Welt von Followern deshalb akzeptiert, sie sind zur Normalität geworden und bieten häufig sogar einen unterhaltsamen Mehrwert. Das Wertvollste, worüber ein Influencer verfügt, ist daher seine Glaubwürdigkeit, seine Authentizität. Sie nicht einzubüßen ist für manche eine große Herausforderung. Authentizität geht vor allem dann verloren, wenn ein Produkt nicht zu einem Influencer passt. Aber auch, wenn Creator an ihre Grenzen stoßen, weil es ihnen an Kreativität und Wissen fehlt, ein Produkt in ihrer Community glaubwürdig zu vermarkten.

Insights

Insights helfen Unternehmen, die Passgenauigkeit von Influencern für Marken zu bewerten und den Erfolg einer Kampagne zu messen, indem sie Reichweiten, Klicks, Regionen, Alter und Geschlecht der Follower etc. angeben.

Um einen ersten Eindruck von der Qualität eines Influencers zu gewinnen, nutzen Unternehmen häufig Programme, die aus den offen zugänglichen Daten Stichproben nehmen, und die Zahl der Follower, der Posts oder der Likes hoch rechnen. Sie basieren also lediglich auf Schätzungen. Stellt man sie den echten Insights gegenüber, kommt man auf eine Übereinstimmung von rund 60 Prozent. Für eine Tendenz, eine erste Einschätzung genügt das. Die harten Zahlen, die wahren Daten bekommt man nur über den Influencer selbst: Alter und Geschlecht der Follower, aus welchen Ländern und Städten sie kommen, wie oft auf einen bestimmten Hashtag geklickt wird, wie stark interagiert wird, das sieht nur der Influencer. Ebenso die eigentliche Währung der Influencer, die *Impressions* und *Reach*, die tatsächliche Reichweite. Die Reichweite sagt aus, wie viele Menschen einen Post tatsächlich gesehen haben. Die Impressions geben an, wie häufig Menschen das gesehen haben. Ein Beispiel: Hat eine Story 100 000 Impressions, bedeutet das, dass diese Story 100 000 Mal gesehen wurde. Das kann eine Person gewesen sein, die das 100 000 mal angeklickt hat. Oder das können auch 100 000 Personen sein, die das einmal gesehen haben

Viele Kunden gehen zu einer Agentur, weil die Insights der gängigen Influencer dort bereits vorliegen. Eine Agentur kann auch besser bewerten, wie gut ein Influencer wirklich ist. Ist er umgänglich in der Zusammenarbeit, ist er zuverlässig? Wie hat er bei anderen Kunden performt? Verkauft er wirklich oder ist er eher gut für das Markenimage? Da gibt es große Unterschiede.

Geld

Influencer Marketing ist inzwischen ein Milliardenbusiness. Man schätzt den Umsatz in Deutschland bei rund einer Milliarde Euro pro Jahr. Viele Influencer haben über ihre Kanäle inzwischen ein eigenes Business aufgebaut und können davon sehr gut leben. Wie viel ein Influencer verdienen kann, hängt neben der Zahl seiner Follower vor allem von Kanal und Branche und der tatsächlich erreichten Reichweite ab.

Bei Youtube eine Community aufzubauen, ist aufgrund der aufwendigen Videoproduktionen deutlich schwieriger als auf Instagram. Creator wie LeFloid, Paluten, Dagibee, Julian Bam oder freekickerz haben Jahre dafür gebraucht, Kanäle mit mehr als einer Million Abonnenten aufzubauen.

Der Vorteil von YouTube: Neben dem Influencer-Marketing gibt es weitere Erlösmodelle für die Creator. Zum einen die Werbespots, die vor oder während der Videos zu sehen sind, zum anderen die Werbeanzeigen im Video sowie Affiliate Links, die in den Textbeschreibungen unterhalb der Videos eingebunden werden können.

Auf Instagram gilt neben der Reichweite die Engagement Rate als Kennziffer, die für Unternehmen relevant ist. Sie zeigt, wie viele User mit dem Post oder der Story interagieren, also kommentieren, klicken oder teilen.

Wie viele Follower nötig sind, um Geld zu verdienen, hängt von der Branche ab. Bei einem Thema wie E-Mobilität oder Nachhaltigkeit genügen 10 000 Follower, um ein Geschäftsmodell aufzuziehen. Im Beauty- oder Fashionbereich dagegen wird in ganz anderen Größenordnungen gerechnet, dort haben viele Influencer viele Millionen Follower, man nennt sie auch *Mega Influencer*. Wichtig ist auch, wie sich eine Community zusammensetzt. Dabei spielen vor allem das Alter, das Geschlecht eine Rolle, und aus welchen Regionen die Follower stammen.

Wie viel Geld ein Influencer verdienen kann, hängt auch davon ab, mit vielen Branchen er zusammen arbeiten kann. *Momfluencer* etwa, Mütter, die über ihren Alltag berichten, sind thematisch breit aufgestellt: Alles, was im Leben mit Kindern eine Rolle spielt, ist für Momfluencer relevant: das Auto, der Urlaub, das Essen, die Kleidung.

Grundsätzlich rechnet man auf die Follower Zahl, auf *Post Impressions* oder *Story Impressions* einen Tausenderkontaktpreis. Der gibt an, welcher Betrag aufgewendet werden muss, um 1000 Menschen einer Zielgruppe zu erreichen. Legt man die Followerzahl zugrunde, liegt er in der Regel zwischen

5€ und 15€, nimmt man die Impressions als Grundlage, fällt er höher aus. Bei Fashioninfluencern mit drei Millionen Followern kann das Honorar im sechsstelligen Bereich pro Story liegen. Influencer dieser Größenordnung verlangen häufig einen festen Preis. »100 000, unverhandelbar«, heißt es in Verhandlungen dann etwa.

Die meisten Influencer streben mittlerweile langfristige Kooperationen an, weil sie somit ein planbares Einkommen haben. Aber vor allem auch, weil es authentischer ist, eine Marke nicht nur einmal zu verwenden, sondern sie in seine Routinen immer wieder einzubauen.

Mikroinfluencer

Mikroinfluencer sind Influencer mit 10 000 Followern und wenigern. Diese stehen meist noch am Anfang der Influencer Karriere, haben aber eine sehr enge Beziehung zu ihrer Community. Es gibt viele Mikroinfluencer, die sich über Kooperationsanfragen freuen und zufrieden sind, wenn sie eine Art Provision pro verkauftes Produkt erhalten. Viele Start-ups arbeiten gerne mit kleineren Influencern, da sie flexibel sind, eine aktive Community haben und meist auch gut verkaufen. Aus Sicht einer Marke ist das allerdings sehr kleinteilig und sehr aufwendig. Deshalb muss man eine sehr gute Auswahl treffen, mit wem man zusammenarbeitet.

Fake Follower

Bots und gekaufte Follower sind in den Social Media Plattformen weit verbreitet. Zugleich gibt es aber auch Methoden und Tools, um die Qualität der Communities zu analysieren. Und alle Platformen arbeiten daran, Bots und Fake herauszufiltern.

Zukunft

Influencer Marketing ist mittlerweile ein festes Element des Marketings. Künftig wird man von Influencer Economy sprechen, denn längst etablieren sich neue Geschäftsmodelle. Influencer bewerben Produkte dann nicht nur, sondern übernehmen selbst die Rolle des Unternehmers und verkaufen eigene Produkte im eigenen Shop und entwickeln eigene Marken. Der E-Commerce verlagert sich in die Sozialen Medien. Der Begriff Social Commerce wird sich bald durchgesetzt haben. Auch die Themen nachhaltiger Konsum und Umweltschutz werden künftig eine größere Rolle spielen. Immer mehr Influencern wird bewusst, dass sich mit ihrem Status auch eine Vorbildfunktion für ihre Community verknüpft. Unternehmen, die in Sachen Nachhaltigkeit in der Kritik stehen, werden es zunehmend schwerer haben, Influencer zu gewinnen, die mit Ihnen kooperieren.

Ich hoffe sehr, dass Influencer noch viel mehr kritisches Bewusstsein entwickeln. Natürlich gibt es kritische Influencer, aber noch öfter mangelt es an Selbstreflexion. Es gibt eine Studie der Malisa-Stiftung, die das Frauenbild in Social Media untersucht hat. Das Ergebnis ist niederschmetternd: Frauen stehen demnach auf Instagram vor allem für Kochen, Beauty und Fashion. Alles, was sich seit den 50er Jahren entwickelt und verändert hat an weiblichem Selbstverständnis, bildet sich demnach auf Instagram nicht ab. Ich glaube, vielen Influencern ist überhaupt nicht bewusst, welchen Einfluss sie auf Teenager haben.

Ich bin wirklich gespannt, wie die Generation, die mit Social Media aufwächst, in zehn Jahren drauf ist. Ich würde mir sehr wünschen, dass Influencer professioneller arbeiten, Informationen prüfen und journalistische Standards einhalten. Das gilt auch für das Management. Zum anderen glaube ich, dass viele Influencer eine Sinnkrise erleben werden, sobald sie genug Geld verdient haben. Jeden Tag geht es um deine Quote, alles ist messbar, und dazu das direkte, ungefilterte und manchmal richtig dumme Feedback der Community. Das ist oft irre beleidigend und richtig fies. Damit muss man umgehen können. Melina Sophie und Joeys Jungle, beide sehr erfolgreich auf Youtube und auch auf Instagram, haben vor kurzem aufgehört, weil es ihnen zu viel wurde. Ich fürchte, wir werden noch viele unschöne Geschichten hören.

Auch ich stelle mir oft die Frage, wo uns das hinführt. Was macht es mit Mädchen, wenn sie glauben: Eine Influencerin mit zweieinhalb Millionen Followern jettet in der Welt herum, verdient ohne große Anstrengung vermeintlich Millionen und führt ein Leben, das sich überwiegend um Luxusmarken dreht, um Handtaschen, High Heels und Sonnenbrillen? Was richtet das in den Köpfen junger Menschen an?

In dieser Social-Media-Welt liegt eine ungeheure Verführungskraft. Eine Welt aus Hypes, Retuschen, Fakes und Übertreibung, in der wenig so ist, wie es aussieht. Ich verstehe, dass es einer 16-Jährigen schwerfällt, sich angesichts solcher Vorstellungen und Vorbilder für eine Ausbildung zur Bäckereifachverkäuferin zu entscheiden, jeden Tag um vier in der Früh aufzustehen und das drei Jahre lang durchzuhalten. Ist es da nicht viel verführerischer, zu sagen: Ich habe zwar keine Modelfigur, aber ich probier's mal als Influencerin?

Was mir ebenfalls Sorgen macht: Manche Models und Influencer gestalten ihre Accounts sehr cool und professionell. Doch weitaus mehr sind überfordert davon, eine Persönlichkeit sein zu müssen, für etwas zu stehen und sich ständig zeigen zu müssen. Viele wissen einfach noch nicht, wer sie sind. Das ständige Optimieren von Fotos und Identität hat auch eine sehr hässliche Seite. Wir erleben ständig, dass Models und Influencer diffamiert und denunziert werden oder Drohbriefe erhalten. Meistens von eifersüchtigen Freunden und Neidern, die peinliche Enthüllungen ankündigen nach dem Motto: »Die sieht gar nicht so aus! Ich kann's beweisen!«

Wenn ich mir vorstelle, dass eine meiner Töchter eines Tages zu einer Influencer-Agentur geht und ihr jemand sagen würde: »Mäuschen, pass auf, du musst immer schön deine Gucci-Tasche nach vorne halten und den Minirock ein bisschen höher ziehen, dann bist du cool und bekommst ein paar Follower mehr.« Ich würde durchdrehen.

Ich habe in den vergangenen Jahren viel Zeit mit Instagram verbracht. Tag für Tag habe ich unzählige Bilder von Models und Influencern angesehen, manches geliked, manches kommentiert, über manches gelacht und manchmal verwundert den Kopf geschüttelt. Ich habe Instagram verstanden, es ist Teil meines Business-Lebens geworden. Aber es gibt Fragen, auf die ich keine Antworten habe. Vermutungen vielleicht, Ahnungen. Eine Frage, die mich immer wieder beschäftigt: Was macht das mit einem? Was macht es mit 15-, 16-jährigen Mädchen, sich selbst zu fotografieren, zu inszenieren und sich von anderen bewerten zu lassen? Was hat das für Auswirkungen auf ihr Selbstbild, auf ihr Selbstbewusstsein? Was für Mechanismen setzt das in Gang? Der Verdacht, dass da nicht allein der Modelagent laut nachdenkt, sondern ein besorgter Vater, ist vollkommen richtig.

Ich würde meinen Töchtern erklären, dass das, was sie auf Instagram sehen, nicht real ist. Dass alles, was Influencer posten, professionell gestaltet ist. Dass das eine Werbeplattform ist. Dass die Authentizität gegen null geht inzwischen. Und dass wahnsinnig viel retuschiert ist. Jugendliche müssen lernen: Wenn jemand auf einem Bild gut aussieht, bedeutet das, dass jemand gut fotografieren kann, aber die oder der Abgebildete in der Realität so nicht aussieht. Man muss diese Bilder abstrahieren lernen. Wissen, das ist nicht die Realität. Und wenn sie sich von meinen Ermahnungen nicht abhalten lassen, dann würde ich ihnen raten: Achte nicht darauf, was die anderen machen, sondern darauf, was du machst.

Innenansicht: Maya Goetz

Weil es mich wirklich interessiert, habe ich diese Fragen jemandem gestellt, der sich mit genau diesen Themen befasst, der Medienwissenschaftlerin und Medienpädagogin Maya Goetz. Sie leitet das Zentralinstitut für Jugend und Bildungsfernsehen in München und hat in einer Reihe von Studien die Wirkung von sozialen Medien untersucht. Hier ihre Antworten.

»Was Instagram für Jugendliche so reizvoll macht, ist erstmal etwas Positives: die Macht über das eigene Bild. Die Generationen davor waren auf Schnappschüsse angewiesen und auf Fotos, die andere von ihnen machten. Mit einem Smartphone dagegen kann jeder sich selbst fotografieren, sich inszenieren, seine Bilder bearbeiten und sie mit Freunden und Freundinnen teilen. Die Möglichkeiten, die eine Smartphonekamera bietet, sind für diese Generation etwas völlig Selbstverständliches. Das versetzt sie in die Lage, sich selbstbestimmt ästhetisch auszudrücken und ihre Individualität zu präsentieren. Zumindest diejenigen, die posten.

Das tun nicht alle. In der Studie, die wir dazu gemacht haben, ist es die Hälfte der 13- bis 19-Jährigen, die selber regelmäßig postet. Möglich, dass der Anteil inzwischen größer ist. Die anderen scrollen Instagram nur durch. Das ist auch eine Form von ästhetischem Genuss, der das eigene Idealbild prägt: Ich sehe lauter tolle Menschen mit unglaublichen Figuren in unglaublich tollen Landschaften, in Situationen, in denen ich auch gerne wäre. Also ein idealisiertes Bild von anderen Menschen, die zeigen, was zu erreichen ist in dieser Welt.

Die entwicklungspsychologische Aufgabe in der Pubertät und in der Adoleszenz ist es, eine eigene Identität zu entwickeln, sie anderen zu zeigen und dazu möglichst positives Feedback zu erhalten. Denn jede Form der Aufmerksamkeit bestärkt erstmal das Selbst. Mädchen, die seit zwei, drei Jahren auf Instagram unterwegs sind, haben das in einer Fallstudie sehr schön beschrieben: Likes sind wie ein Kick für das Selbstbewusstsein. Sich und seinen Körper zu inszenieren, verleiht Kraft, man gewinnt Macht über das eigene Bild.

Sieht man sich die Entwicklung der Instagram-Accounts Jugendlicher an, sind verschiedene Stadien der Selbstinszenierung zu erkennen. Am Anfang werden witzige, spontane oder auch mal nachdenkliche Bilder gepostet, das Spektrum an Motiven ist noch sehr breit. Im Vordergrund steht, sich individuell zu zeigen. Und in der Regel wird in dieser Phase sehr wohlwollend miteinander umgegangen. Freunde und Freundinnen antworten, kommentieren positiv, und das wird wiederum positiv bewertet. Aber dann setzt bald eine fiese Logik ein. Und man ist schnell bei den negativen Folgen.

Sobald vor allem Mädchen damit beginnen, sich mit Influencerinnen auseinanderzusetzen, tauchen Fragen auf wie: Wie inszenieren sie sich? Posen und Details werden genau studiert. Sie beobachten zum Beispiel, wie die Influencerinnen sich auf die Ferse stellen, das andere Bein nach vorne, und ein Arm hoch für das Gleichgewicht. Das macht die Silhouette schlanker. Im nächsten Schritt setzen die Mädchen ihre Erkenntnisse in eigenen Inszenierungen um. Zwanzigmal dieselbe Pose, bis das Bild so aussieht, wie es in ihrer Vorstellung aussehen soll. Das Ziel dabei: perfekte Natürlichkeit.

Es gibt eine australische Studie, die Mädchen Bilder in natürlicher Weise und in gefilterter Weise vorgelegt hat. Das Ergebnis: Die Gefilterten wurden immer als schöner angesehen. Dann wurde einer Stichprobe erzählt, dass diese Bilder elektronisch verändert wurden, auch, was verändert wurde und wie vorgegangen wurde. Trotzdem fanden sie diese Motive schöner und natürlicher. Das heißt, das ästhetische Empfinden, was als natürlich gilt, hat sich verschoben. Das nachbearbeitete Bild erscheint natürlicher als die wirkliche Erscheinung. Wenn ich dem idealisierten Bild nicht genüge, bin ich nicht natürlich. Da entsteht eine ganz perfide, neue Bedeutung des Wortes »natürlich«. Dasselbe gilt für das Wort »spontan«.

Kommt es daraufhin dazu, dass sie ihre Inszenierung mit Bildern der Influencerinnen vergleichen, stellen sie fest: Es reicht noch nicht. Das eigene Bild weicht von ihrem inneren Selbstbild und Schönheitsideal ab und wird als Defizit ihrer Selbstinszenierung wahrgenommen. Das führt dazu, dass sie anfangen, sich noch stärker zu inszenieren und ihre Bilder nachbearbeiten, bis sie ihrer Vorstellung vom perfekten Bild näherkommen. Und so geht es immer weiter.

Und wenn die Mädchen merken, dass auch das nicht reicht, fangen sie an, mit Filtern an ihren Körpern herumzubasteln, um dem von Influencerinnen geprägten Schönheitsideal nahe zu kommen. Mädchen verwenden doppelt so häufig Filter wie Jungs, um ihre Körper zu optimieren. Das haben wir repräsentativ untersucht. Bei den Jungs nutzt sie jeder Vierte, bei den Mädchen jede Zweite. Die Haare werden voller, der Bauch wird flacher, die Haut ebenmäßiger, Zähne werden aufgehellt, Augen vergrößert, aber auch Körperproportionen werden verändert, etwa Beine verlängert. Bei den Jungs geht es vor allem um breite Schultern, Muskeln und einen ausgeprägten Sixpack.

Likes verstärken die Anpassung an Einstellungen, an Schönheitsideale oder an den Stil, den Influencerinnen etablieren, ebenfalls. Das Idealbild und die Art, wie ich mich inszeniere, was richtig und was gut ist, wird dadurch immer enger. Früher sprach man davon, dass man sich an eine Peergroup und ihre Werte anpasst. Auf Instagram findet das virtuell statt. Seitdem sich das messen lässt, weiß man, dass Frauen ihren Körper mit einem Blick von außen betrachten. Diese Objektivierung des Körpers verstärkt sich durch Likes nochmal.

Ergebnis dieser Spiralbewegung: Die Posts werden immer perfekter, einheitlicher und denen der Influencerinnen immer ähnlicher. Das Schönheitsideal, das den Bildern zugrunde liegt, verengt sich, die Bandbreite der Bilder, die sie posten, wird immer kleiner. Die Darstellung, wie sie sich präsentieren, wird stereotyper.

Hinzu kommt noch die perfide Logik der Likes. Bekomme ich auf einen Post 35 Likes, will ich beim nächsten 37. Und wenn ich 100 habe, will ich 120. Alles andere gilt als Gesichtsverlust. Habe ich nun meinen Körper mit Hilfe eines Filters verändert und viele Likes dafür erhalten, wird für die Mädchen deutlich, dass ihr eigener Körper nicht genügt. Kommt dann noch eine Sinnkrise dazu, und Mädchen sehen ihren Körper als Zentrum ihrer Persönlichkeit, kann das Posten auf Instagram auch zum Begleiter einer Essstörung werden.

Zusammen mit der Universität Landshut haben wir Frauen befragt, die in Behandlung von Essstörungen sind. Unter ihnen ist der Anteil, der an seinem Körper herumfiltert, noch mal höher, 71 Prozent.

Wir haben auch herausgefunden, dass Mädchen, die Influencerinnen folgen, mehr mit Filtern arbeiten. Man konnte sogar nachweisen, dass diejenigen, die DagiBee folgen, sich alle schon mal die Haut dunkler und die Haare perfekter filtern. Wer Heidi Klum folgt, führt ein digitales Facial oder Bleaching durch, genau wie sie es auch bei *GNTM* empfiehlt. Das heißt, Followerinnen passen sich an das Schönheitsideal an, das Influencerinnen vermitteln. Sie favorisieren die gleichen Formen von Schönheit und setzen dieselben Filter ein, die auch die Influencer verwenden.

Mädchen posten deutlich mehr als Jungs. Was auch eine Folge davon ist, dass Mädchen von klein auf lernen, dass ihr Aussehen zentral für ihre Identität ist. Zieht ein Mädchen im Kindergarten ein neues Kleid an, kann man die Uhr danach stellen, bis eine Mutter oder eine Erzieherin sagt: »Du hast aber ein tolles Kleid an!«.

In der Medienwelt, in der sie aufwachsen, setzt sich das fort. Das fängt schon mit den Zeichentrickfiguren an, die kleine Kinder sehen. Die Figuren haben in der Regel einen unnatürlich dünnen Körper. Starke Mädchen und Frauen sind immer Stereotype: super dünn, lange, wallende Haare. Mädchen wachsen mit dem Eindruck auf: Nur, wenn ich schön aussehe, kann ich stark sein. Nur, wenn ich so aussehe wie die Mädchen in den Medien, finde ich Anerkennung.

Das innere Selbstbild, das wir von uns haben, sieht immer ein bisschen schöner und idealer aus als die Realität. Dass Mädchen und Jungen dieses Idealbild mit ihren Posts auf Instagram gestalten können, ist neu. Sie sehen die Selbstinszenierung auf sozialen Netzwerken als Teil der Präsentation ihrer Identität. Sie begreifen es als eine Art Visitenkarte, welche die beste Version ihrer selbst ist.

Dabei haben nur wenige Mädchen in der Pubertät und in der Adoleszenz ein wirklich positives Selbstbild. In dieser Phase herrscht eine unglaubliche Verunsicherung, die entwicklungspsychologisch auch normal ist. Es ist die Zeit, in der man nicht weiß, wer man ist, und alles daransetzt, sich zu finden.

Diese Zeit ist davon geprägt herauszufinden: Wer bin ich? Wer will ich sein? Was sind meine Ziele? Was macht meinen Wert aus? In früheren Generationen waren die Antworten darauf breiter angelegt. Durch die Dominanz der sozialen Netzwerke, insbesondere Instagram, verlagern sie sich auf das Äußere. Wir nennen das ›Veräußerung des Selbst‹. Dass das eigene Selbstbild nicht ideal sein könnte, löst viel mehr Druck aus als in früheren Generationen, vermeintliche Defizite zu beheben.

In einer Studie haben wir Jugendliche gebeten, in Zeichnungen ein Bild von sich zu entwerfen, das sie in zwei Jahren zeigt. Der Geschlechterunterschied war enorm. Bei Jungs ging es um nicht viel mehr, als dass sie ein blaues T-Shirt gegen ein rotes getauscht haben. Aber nahezu alle Mädchen malten sich sexualisiert. Extrem schön, mit Make-up, aufwendigen Frisuren. Mädchen gehen nicht davon aus, dass sie mal aussehen werden wie die Mama, die Erzieherin oder die Lehrerin, sondern wie Frauen aus Filmen, aus Magazinen oder Social Media. Bis sie eines Tages begreifen, dass sie so nie aussehen werden.

Ob Authentizität noch die zentrale Währung der Influencer ist, da bin ich mir nicht sicher. Ich glaube, dass inzwischen andere Kriterien den Marktwert von Influencern bestimmen. Vielmehr geht es darum, Leistung zu zeigen. Und sei es, dass die Leistung darin besteht, immer super tolle Bilder zu machen.

Bibi ist eine der wenigen Figuren unter Influencerinnen, die zeigen, dass eine Frau schön sein kann und trotzdem Fehler macht. Sie redet gerne mal vor sich hin, macht grammatikalische Fehler und erzählt auch mal Unsinn. Das ist etwas, das in keiner Kindergeschichte und in keinem Film vorkommt: Dass Frauen stark sind und trotzdem Fehler machen können. Das ist eine der großen Bürden, die Mädchen aufgeladen werden: Mädchen müssen immer perfekt sein, sie dürfen in keinem Bereich fehlerhaft sein. Die Fehler, die jemand wie Bibi öffentlich macht, werden dann als Authentizität gelesen. Aber wann immer man fragt: Was ist denn für Sie wichtig?, lautet die Antwort: das Aussehen. Dass sie tolle Bilder macht, dass sie so nett ist. Das gute Aussehen wird immer als Grundvoraussetzung gesehen.

Auch der Umstand, dass Influencer teilweise sehr viel Geld verdienen, schreckt nicht ab, im Gegenteil, es macht sie attraktiv, weil es die Fantasie triggert: Wenn ich wollte, könnte ich auch so viel Geld machen. Auch in diesem Zusammenhang steht die Leistung im Vordergrund.

Um dieser Stereotypisierung entgegen zu wirken, gibt es vor allem zwei Hebel. Zum einen geht es um Marktlogik. Influencer müssen sich finanzieren. Zurzeit können sich die meisten Influencerinnen nur im Bereich von Schönheit, Beauty, Lifestyle und Ernährung positionieren. Es wäre schön, wenn Influencerinnen sich auch mit anderen Themen finanzieren könnten und Firmen offener dafür wären, dass Frauen ihre politische Meinung sagen und sich für gesellschaftspolitische Themen engagieren dürfen, ohne dass sie befürchten müssen, weniger Werbeverträge zu bekommen.

Der zweite Hebel ist Medienkompetenzschulung. Was in diesem Bereich sehr schwierig ist, weil viele gängige Konzepte Stereotype eher verfestigen als sie aufzulösen. Was hilft, ist Mädchen Erkenntnisse zu vermitteln wie:

- Die Frau an sich zählt.
- Es ist gut zu rebellieren.
- Man muss sich nicht an alle Aussagen von anderen anpassen.
- Jede kann sie selbst sein.

Was auch funktioniert ist: Bei Instagram gibt es eine Aktion *Instagram versus Reality*, bei der Influencer sich zeigen, wie sie unbearbeitet aussehen und wie sie das Foto für den Post verändert haben. Oder der humoristische Weg einer Celeste Barber, die Posen von Influencerinnen und Models mit einem ganz normalen Körper nachahmt. Das sieht urkomisch aus und man kann darüber sprechen. Es geht darum, Inszenierungsmuster verständlich zu machen und mit ihnen zu spielen. Dadurch entsteht Distanz, und es lässt sich über Fragen reden wie: Wer bin ich eigentlich? Wie sitze ich? Wie stehe ich? Und dass es nicht darum geht, dass Frauen sich immer so positionieren, damit sie schlank aussehen, sondern vielleicht einfach mit beiden Beinen auf dem Boden stehen.«

Dieses Thema ist viel größer und komplexer, als ich es selbst lange eingeschätzt hatte. Erschreckend fand ich auch, was Ex-Facebook Mitarbeiterin Frances Haugen über die Auswirkungen von Social Media auf Kinder und Jugendliche geschrieben hat. »Mobbing, Fake News, Extremismus, die Angst, etwas zu verpassen (FOMO) oder manipulative Algorithmen werden zu einem nicht enden wollenden Strom und können zu Depressionen, Angststörungen und steigenden Selbstmordraten vor allem unter jugendlichen Nutzer:innen führen.«

Ich finde, Kinder und Jugendliche sollten schon früh lernen, Informationen aus den sozialen Medien richtig einordnen zu können, Fake News zu identifizieren und filtern zu können. Es gehört meiner Ansicht genauso wie Schwimmunterricht oder Verkehrserziehung in den Schulunterricht.

UND JETZT?

Wie es weitergeht.
Was auf Models und
Agenturen zukommt.
Und was mir wichtig ist.

Die Marke MGM

Ich bin jetzt 46, mehr als die Hälfte meines Lebens habe ich im Modelbusiness verbracht. Die Herausforderungen, die mich als 20-jährigen Anfänger begeistert haben, liebe ich nach wie vor. Sich ständig neuen Situationen zu stellen, Antworten zu finden auf neue Trends, auf neue Moden, auf Innovationen und neue Entwicklungen.

Eine inhabergeführte Agentur zu führen, bedeutet, dass alle wichtigen Entscheidungen an einer Person hängen. Ich denke, ich habe das Beste und Größtmögliche aus diesem Modell gemacht. Aber je größer eine Agentur wird, umso komplizierter wird es auch. Deshalb würde ich niemals eine Filiale in London und Paris eröffnen. Ich würde riskieren, dass die Qualität unserer Arbeit leidet. Eine Agentur lässt sich nicht entlang von Zahlen und Ergebnissen führen. Dafür sind die Menschen in diesem Business zu eigen und zu speziell. Und jemanden zu finden, der Entscheidungen genau nach meinen Vorgaben trifft, ist nicht so einfach.

Ein Abenteuer werde ich dennoch angehen. Ich möchte mit MGM in Asien Fuß fassen. Vor allem den Schritt nach China halte ich für enorm reizvoll. Der Modemarkt dort entwickelt sich fulminant, der Bedarf an Models ist unglaublich. Asien ist der Zukunftsmarkt der Mode. Da möchte ich dabei sein. Ich werde mich auf dieses Abenteuer einlassen, auch wenn die Pandemie unsere Pläne in den vergangenen zwei Jahren ausgebremst hat.

Ein Konzept existiert bereits. Im ersten Schritt werde ich Modelwohnungen in Shanghai mieten, dazu ein Büro mit Bookern. Zehn bis fünfzehn Models werden jeweils für zwei Monate dort leben und arbeiten, sie bekommen dafür eine Garantiesumme. Ich bin sicher, dass das erfolgreich wird. Denn der chinesische Markt orientiert sich sehr an westlichen Looks und liebt den westeuropäischen Touch. Die Chinesen wissen selber, dass sie in der Mode nicht besonders kreativ und oft nur Kopisten sind. Entsprechend hoch ist der Stellenwert von Mode aus Europa. Europäische Mode steht in China nicht nur für internationalen Anspruch, Weltläufigkeit und globale Trends, sondern auch für beste Qualität und höchsten Status. Das gilt auch für Models. Blonde Frauen und Latinas sind dort so gefragt wie Asiatinnen und Schwarze Models derzeit in Europa.

Ich habe mich dazu entschieden, nicht nur, weil bei allen Unwägbarkeiten, die Aussichten für eine Agentur aus Europa sehr gut erscheinen, sondern auch, weil in Deutschland kreativ wahnsinnig wenig stattfindet. Gefühlt geht alles nur bergab, egal, welche Kunden man besucht, man hört vor allem Klagen und Gejammer. Die Fashionweek in Berlin ist dafür das beste Symbol: keine Innovation, keine Kreativität, da passiert nichts Spannendes. Keine spannenden Brands, keine spannenden Menschen, stattdessen überall nur C-Promis. Da will ich mich nicht einreihen.

Auch deshalb bin ich seit kurzem Kosmetikunternehmer. Die Idee dazu entstand bei einem Abendessen mit Managern eines großen Konzerns. Der Grundgedanke war, dass wir als Beautyexperten wissen, welche Skin Care unsere Models benötigen. Kosmetik von Professionals für Professionals sozusagen.

Schon am nächsten Vormittag bekam ich einen Anruf: Der Vorstand habe grünes Licht gegeben. Ein paar Meetings später lag ein Konzept auf dem Tisch. Demnach sollte ich für die Namensrechte zehn Prozent erhalten für ein Produkt des Konzerns. Das gefiel mir aber nicht, auch das Produkt erschien mir nicht hochwertig genug. Zumal ich den Markt schon lange beobachtet habe und zu dem Schluss gekommen bin, dass Skin Care total boomt. Die alten Marken aber sind defizitär und viele neue, glaubwürdige gibt es nicht.

Also fing ich an zu recherchieren. Sah mir viele Produkte an, wählte die aus, die mir besonders gut gefielen und nahm Kontakt zu einem Labor und zu einer Manufaktur auf. Ich skizzierte meinen Anspruch, ein hochwertiges Produkt herzustellen, das sich mit den Besten messen kann. Das umzusetzen hat drei Jahre gedauert, ich habe in dieser Zeit viel gelernt. Etwa, dass es fast genauso aufwendig ist, das Packaging zu entwickeln wie das Produkt selbst. Allein die Auswahl der Tiegel! Wir hatten ganze Tische voller Prototypen zur Auswahl, die meisten fühlten sich billig an. Alle Experten sagten mir, Kosmetik muss weiß verpackt sein. Aber ich bestand auf schwarz, das ist auch die Farbe der Agentur. MGM *Kosmetik* ist eine Linie für Fashionistas, cool und sexy. Es gibt drei Linien mit zehn Produkten. *Everyday* für junge Frauen, *Advanced* für die fortgeschrittene Haut, 25 aufwärts. Und für die älteren Damen die *Supreme*-Serie.

Wenn es gut läuft, wird die Kosmetik der Agentur guttun und die Agentur der Kosmetik. Und natürlich habe ich auch den asiatischen Markt im Blick.

Was kommt, was geht

Wenn ich heute mit Models rede, die 35 oder älter sind, sagen sie häufig: »Ach, das war eine geile Zeit. Ich habe so viele Menschen kennen gelernt, so viel erlebt und in so vielen guten Restaurants gegessen. Ich habe viel von der Welt gesehen, war von Tokio über London bis New York in allen Metropolen. Ich habe verschiedene Kulturen kennen gelernt, und es haben sich Blickwinkel auf das Leben eröffnet, die ich heute nicht missen möchte.« Das Leben als Model hatte etwas Glamouröses, das hat viele geprägt. Es führt einen ja nicht nur in die großen Städte, sondern genauso zu Shootings in Afrika oder in die Arktis. Auch heute ist es noch so, dass wir als Agentur und unsere Models permanent auf alle Premieren und Partys eingeladen sind und überall reinkommen. Weil Clubs, Partyveranstalter und Restaurants sich mit der Schönheit und dem

Glam der Models schmücken wollen. Auch die meisten Models schätzen dieses Privileg. Nicht nur, weil sie dort mit Wohlwollen und zuvorkommend behandelt werden, sondern auch Zugang erhalten zu ungewöhnlichen Events, zu interessanten Menschen oder zu Prominenten. Für viele lag nicht zuletzt darin der Reiz, als Model zu arbeiten.

Neue Technologien werden dafür sorgen, dass all das weniger wird. Weil es nicht mehr nötig sein wird, um die halbe Welt zu fliegen, um ein Foto zu gestalten, das ein Model am Nordpol zeigt. Weil die Möglichkeiten, Bilder zu bearbeiten immer raffinierter werden. Weil die Bedingungen, unter denen Models insbesondere im E-Commerce arbeiten, zunehmend spartanischer werden und Fließbandarbeit gleichen. Weil es große Ambitionen gibt, Models zu ersetzen und überflüssig zu machen.

Wie gesagt, Neues hervorzubringen, ist Antrieb und zugleich Wesen der Mode und des Modelbusiness. Aber so offen ich für Innovationen bin, nicht jede Veränderung gefällt mir. Und nicht alles, was technisch möglich ist, ergibt Sinn.

Einmal kamen hier zwei Jungen an, die eine digitale Modelagentur aufbauen wollen. Sie setzten sich und fragten: »Willste mitmachen?« Hybris und Arroganz von der ersten Sekunde an. »Dich wird es in Zukunft nämlich nicht mehr geben«, sagten sie. Dreikäsehochs, dachte ich, was wollt ihr von mir?

Die Idee ihrer digitalen Agentur besteht darin, dass Models sich selbst managen, ihre Fotos selbst produzieren, bearbeiten, auswählen und hochladen. Kunden bekommen einen Zugang dazu und können Models ohne zwischengeschaltete Agentur buchen und direkt mit ihnen verhandeln. Klingt genau eine Sekunde lang schlüssig. Ist aber zu kurz gedacht. Was die zwei Gründer übersehen: Die Qualität und die Kompetenz einer Agentur liegt darin, die Richtigen zu finden, aus der Vielzahl von Bewerbern die Talente auszuwählen, auszubilden und im richtigen Moment dem

Kunden die richtigen Gesichter für den jeweiligen Zweck vorzuschlagen.

Auf einer Plattform, wie die beiden sie planen, werden Tausende ihre Profile hochladen, und weil keine Selektion stattfindet, werden sehr viele darunter sein, die sich nicht als Model eignen. Und sie werden alle entnervt fragen: Wo sind meine Jobs? Genauso wenig wird es sich für Kunden rechnen, sich durch hunderte von Fotos zu klicken, um vielleicht ein passendes Gesicht zu finden.

Was mir nicht gefällt, ist, wie manches junge Unternehmen, das die Zukunft auf seiner Seite wähnt, mit seinen Mitarbeitern umgeht. Wenn man sieht, wie junge Leute dort mit ihren Laptops überall herumsitzen, denkt man erst mal: Cool, sieht durcheinander aus, aber scheint zu klappen.

Doch wenn man mitbekommt, dass die Mitarbeiter ständig wechseln, kaum einer länger als ein Jahr dort verbringt, drängt sich ein ganz anderer Eindruck auf: Dass die Unternehmenskultur, die vordergründig so lässig erscheint, so gut nicht ist. Weil die Leute nach kurzer Zeit ausgebrannt sind, weil das Unternehmen keine erkennbare Struktur und keine Werte hat. Weil es keine festen Arbeitszeiten, keine Hierarchien, keine Ansprechpartner und keine Mittagspausen gibt. All das führt dazu, dass die Leute, die dort arbeiten, darunter leiden.

Für die Geschäftsführung ist das kein Thema. Hauptsache, es sieht cool aus, glänzt und die Zahlen stimmen. Ich halte das für bedenklich und bin fest davon überzeugt, dass Unternehmen, die sich so wenig um ihre Mitarbeiter und Werte kümmern, dauerhaft nicht erfolgreich sein können. Gerade in einer Branche, die so schnelllebig und datengetrieben ist wie der Onlinehandel, ist es extrem wichtig, dass sich Mitarbeiter in ihren Unternehmen wohl- und aufgehoben fühlen.

Wie sehr Technologie die Bedingungen verändert, unter denen Modeproduktionen entstehen, zeigt sich in einem Studiokomplex wie dem Hyper Bowl in München. Ein virtuelles Foto-, Film-, und Videostudio, das die bislang verwendete Greenscreen-Technik mit Hilfe von LED revolutioniert hat und ermöglicht, Models vor virtuellen Kulissen perfekt in Szene zu setzen und in Motive einzufügen. Das heißt, man geht ins Studio und produziert dort eine Strecke in der Karibik, am Strand von Tulum oder am Nordpol. Bislang scheiterten solche Tricksereien meist daran, dass Spiegelungen und Reflexe sich nur mit enormem Aufwand simulieren ließen. Das funktioniert jetzt. Auf den Bildern sieht das so originalgetreu aus, als wäre tatsächlich an einem Strand in der Karibik oder unter mexikanischer Sonne fotografiert worden.

Selbstverständlich gibt es auch Fashionunternehmen, die nach Wegen suchen, ganz auf Models zu verzichten. In Schweden etwa wurde eine Software entwickelt, Looklet heißt sie, die damit wirbt, den kompletten Prozess im Fotostudio, die Arbeit von Fotografen, Haare, Make-up, Stylist, Set Designer und Models mit Hilfe einer Software zu ersetzen und enorm zu beschleunigen. »Shoot to sell from six hours«, vom Shooting bis zum Verkauf auf einer E-Commerce-Platform in sechs Stunden. Man fotografiert einmalig ein Model in verschiedenen Posen, generiert daraus einen Avatar und kann in der Folge dem Avatar virtuell mit ein paar Clicks jede erdenkliche Klamotte anziehen.

H&M hat diese Technologie als erstes Unternehmen ausprobiert. Zara folgte, auch Otto. Alle haben wieder Abstand genommen. Weil man sieht, dass das Ergebnis zusammengebastelt und künstlich aussieht und keine Emotionen weckt. Best Secret hat etwas Ähnliches versucht und Produkte auf Büste fotografiert. Jetzt stellen sie wieder um, weil sie gemerkt haben: Mit Model verkauft es sich besser.

Wir hatten die Anfrage eines Kunden, der Models buchen, aber nur ihre Köpfe verwenden wollte, um sie auf Avatare zu montieren. Ich habe ihm geantwortet: Nein, das mache ich nicht. Er war hochgradig konsterniert und fing an, zu diskutieren. Ich blieb dabei, er bekam auch keine Erklärung. Ich hoffe, er hat meine Antwort inzwischen verstanden. Diese Art der Montage halte ich für hochgradig übergriffig. Das ist nicht echt, das ist nicht real, das macht man nicht.

Digitale Models wie Shudu oder virtuelle Influencer wie Miquela Sousa halte ich für hübsche Spielereien. Auf Instagram mag das funktionieren, weil all die Filter ja ohnehin für größtmögliche Künstlichkeit sorgen. Die Fantasie von manchem Kunden und Marketingstrategen mag es beflügeln, Models zu programmieren, statt sie zu buchen. Logisch, dass auch große Brands das ausprobieren, weil es Aufmerksamkeit generiert, wie alles, was sich abhebt. Aber Konkurrenz für reale Models, gar ein Geschäftsmodell? Davon sind wir weit entfernt.

Mag sein, dass künstliche Intelligenz irgendwann imstande sein wird, auch menschliche Emotionen so detailgetreu nachzubilden, dass der Betrachter den Unterschied nicht wahrnimmt. Wenn es soweit ist, können wir auch mit Comicfiguren werben, Roboter über Fashion Shows fahren lassen und Sex mit Gummipuppen haben. Das soll kein Plädoyer gegen Digitalisierung sein, auch nicht gegen Innovation, aber an dieser Stelle werden Grenzen sichtbar. Grenzen, die ich nicht überschreiten möchte, weil der Mensch auf der Strecke bleibt. Wenn wir uns, unsere Models und unser Business komplett digitaler Logik und Algorithmen ausliefern, wenn wir alle unsere Kreativität darauf verwenden, den Menschen zu ersetzen, wenn die Zeit und das Geld nicht mehr vorhanden sind, um an einem Model zu fotografieren, dann ist mein Geschäftsmodell vorbei.

Verantwortung

Über viele Entwicklungen der vergangenen Jahre bin ich glücklich. Ich bin sehr froh, dass wir respektvoller miteinander umgehen, dass der Machismo und der Sexismus der Neunziger- und der Nullerjahre weitgehend überwunden sind und die Maßlosigkeit, die früher zelebriert wurde, einem verantwortungsvolleren Umgang mit Ressourcen gewichen ist. Es stimmt mich zuversichtlich, dass das Spektrum der Modeltypen in den vergangenen Jahren viel breiter geworden und es zumindest in Mitteleuropa selbstverständlich geworden ist, dass Schwarze und asiatische Models genauso gebucht werden wie hellhäutige Blonde. Und auch Transgender-Models faire Chancen bekommen.

Es tut der Branche gut, dass in den Unternehmen mehr Frauen Entscheidungen treffen, mehr Frauen fotografieren und mehr Frauen als Booker arbeiten. Ebenso die nüchterne und effiziente Art, mit der Geschäfte gemacht werden, in den Agenturen ebenso wie bei den Kunden, die es allen erlaubt, ein Leben außerhalb der Arbeit zu führen.

Und dass bei aller Nüchternheit und Entzauberung der Glamour nicht ganz auf der Strecke geblieben ist, auch dafür bin ich dankbar. Ohne den geht es in der Mode und auch im Modelbusiness nicht.

Doch wenn wir Diversity ernst nehmen, wäre auch mehr Toleranz angebracht, was die Erwartungen an die Größe eines Models betrifft, Talent natürlich vorausgesetzt. Dass nach wie vor Großalarm herrscht und streng aussortiert wird, wenn ein wirklich hübsches Mädchen nicht die Mindestmaße mitbringt, das ergibt keinen Sinn mehr.

Als zwiespältig empfinde ich den Einfluss von Social Media.

Insbesondere Instagram hat Influencer hervorgebracht, Agenturen ein neues Geschäftsfeld erschlossen und Models neue Chancen eröffnet. Ich habe großen Respekt davor, wie virtuos einige Models und Influencerinnen Instagram und andere Kanäle nutzen.

Aber die Möglichkeit, mit Hilfe von Filtern und Bildbearbeitung, jede Unreinheit, jeden Fleck, alles, was nach einem Makel aussieht, zu retuschieren und zu entfernen, das eigene Bild vermeintlich zu optimieren und ein unrealistisches Bild seiner selbst zu gestalten, finde ich höchst bedenklich. Weniger im Hinblick auf Models, als auf das Selbstwertgefühl junger Mädchen.

Ich habe Skrupel, junge Frauen und Männer bei diesen Selbstverbessereien zu unterstützen. Der Logik von Instagram entspräche es, Accounts von Leuten aufzustellen, die wir wie mit Charakteren ausgestattete Puppen durch den digitalen Kosmos führen. Eine ist die sexy Maus, eine die Nachhaltige und einen inszenieren wir als den prominenten Sohn. Fake Accounts mit dem einzigen Zweck, dass Marken dort ihre Produkte einbuchen. So abgebrüht bin ich nicht und will es niemals werden. Dieses Spiel mit falschen Identitäten, falschen Fotos, falschen Followern, retuschierten Figuren und Programmen, die Models ersetzen, führt in die falsche Richtung.

Was noch gar nicht abzusehen ist: Wie wird sich nach Corona die Stimmung entwickeln? Haben die Leute dann vielleicht Social Media satt? Mir geht es bereits jetzt so, und ich kenne viele Menschen, die auch müde sind, zu sehen, was der Nachbar gerade kocht. Haben wir in dieser Zeit nicht alle digital so viel konsumiert, dass man sich nach sozialem Leben sehnt? Nach Partys mit DJ? Nach durchtanzten Nächten? Nach Umarmungen, danach, Zeit mit seinen Freunden zu verbringen? Vielleicht sogar danach, mal wieder ein T-Shirt in einem Geschäft zu kaufen? Oder werden wir alle endgültig komplett online addicted sein?

Es würde mich nicht überraschen, wenn die Generation, die den Influencern jetzt noch folgt, mit dem ganzen Thema bald durch ist. Weil Accounts auf Instagram und Tiktok ihren Reiz verlieren, je professioneller sie betrieben werden. Weil sie die Mechanismen durchschauen und die Inszenierungen allmählich leid sind. Weil ein neuer Hype Aufmerksamkeit abzieht. Oder weil Instagram doch auf die Idee kommt, seine Algorithmen zu ändern.

Influencer haben ihren Zenit bereits erreicht. Was sagt es aus, wenn Gucci zehn Influencer nach Los Angeles einlädt und alle dasselbe Motiv posten? Influencer sind Ego-Maschinen, die sich nur um sich selbst drehen. Aber keine Instanzen, wie es Magazine wie *Vogue* oder *Elle* waren.

Ich finde es großartig, dass die junge Generation neue Ideen entwickelt, wie man künftig arbeitet, lebt und einkauft. Und vieles nicht mehr hinnimmt. Ich glaube, dass Lösungen für viele gesellschaftliche Probleme aus der Generation kommen werden, die jetzt die junge ist. Ich kenne viele junge Leute, die coole Sachen machen, über gesellschaftliche Themen nachdenken und an kreativen Sachen arbeiten. Vor allem gehen viele wichtige Impulse von Jüngeren aus, was Fast Fashion betrifft.

Alles wofür Fast Fashion steht, widerstrebt mir. Schlechte Qualität, miserable Arbeitsbedingungen, Produktionsweisen, die die Gesundheit gefährden und enorm viel Müll erzeugen, schlechte Bezahlung, niedrige Preise. Ich habe mal den Einkäufer einer Modemarke nach Indien begleitet. Dort einen Blick in die Fabriken zu werfen, in denen Textilien hergestellt werden, ist wirklich widerlich. Wenn man das einmal gesehen hat, wird man nie wieder ein Teil kaufen, von dem man weiß, eine Frau in Bangladesch hat das für einen Stundenlohn von zehn Cent zusammengenäht. Dass es für Unternehmen günstiger ist, nicht verkaufte Kleidung zu verbrennen, als sie an Bedürftige zu spenden: was für ein Wahnsinn! Wenn in einem Studio Klamotten fotografiert werden, die billig in Asien hergestellt wurden, müssen sie vor dem Shooting zwei Tage gelüftet werden – weil sie so übel nach Plastik riechen.

Inzwischen beschäftigt das auch viele meiner Kunden. Sie sind dabei zu begreifen, dass diese Art zu produzieren und zu wirtschaften, keine Zukunft hat. Vor allem deshalb, weil es die Kunden nicht mehr wünschen. Wir stehen vor einem Paradigmenwechsel, der vor allem von jungen Menschen ausgeht.

Diese Wertschöpfungskette, die immer schneller, immer billiger, immer mehr Massenware produziert und jede Ökobilanz ruiniert, führt noch aus einem anderen Grund in die falsche Richtung: Es bleibt weder Zeit noch Geld, um sie an einem Model zu fotografieren.

Und da ich schon dabei bin, Haltung und Elan der jungen Generation zu loben: Findet sich nicht jemand Neues, der die Fernsehnation begeistert? Jemand, der das Modelbusiness ernst nimmt, die Kandidatinnen nicht nur benutzt und imstande ist, Werte zu vermitteln? Und nebenbei auch frischer wirkt, weniger überheblich und weniger anstrengend als Heidi Klum?

Nach 25 Jahren in dieser Branche blicke ich aus einer anderen Perspektive auf Models, auf das Geschäft meiner Agentur und meine Rolle. Der Hype um neue Gesichter, ebenso die Begeisterung über Karrieren, Magazincover, tolle Kampagnen und Reisen, das war viele Jahre Antrieb und Inspiration genug, auch natürlich, in einer supercoolen Branche derjenige zu sein, bei dem alles zusammenläuft.

Doch inzwischen sehe ich manches abgeklärter, manches mit Humor. Vor allem habe ich an Reife gewonnen, ich arbeite reflektierter. Etwa, wie ich einem jungen Menschen sage, dass er als Model nicht in Frage kommt. Ich weiß, was eine Absage für junge Mädchen bedeuten, was falsch gewählte Worte bewirken können. Nirgendwo fließen so viele Tränen wie in einer Modelagentur, nirgendwo fallen Träume und große Hoffnungen so schnell in sich zusammen. Das immer wieder mitzuerleben, hat auch bei mir Spuren hinterlassen. Vor allem sehe ich junge Menschen heute anders. Auch, weil ich selbst Vater von vier Kindern bin.

Als Chef einer großen Modelagentur trage ich Verantwortung. Für die, denen ich Aufträge vermittle, aber auch für die, denen ich sagen muss, dass sie als Model nicht in Frage kommen. Models sind junge Menschen, in einem Business, in dem sie es durchwegs mit Älteren zu tun haben. Booker, Fotografen, Kreativdirektoren, Stylisten, Make-up-Artists, alle sind Profis mit vielen Jahren Berufserfahrung. Daraus ergibt sich Verantwortung, mit diesem Mehr an Wissen und Erfahrung vertrauensvoll umzugehen.

Das Modelbusiness hat tolle Seiten, nach wie vor. Noch immer begeistert es mich, junge Menschen in ihrer Entwicklung zu begleiten, vom oft schüchternen Mädchen zum selbstbewussten Model. Zu erleben, wie jemand seine Rolle findet, Spaß daran hat, sich zu zeigen, zu inszenieren und mit der Kamera zu spielen, ohne sich zu verleugnen, und alle Anstrengungen ihr Ziel finden. Der Moment, in dem nach einem Shooting beim Blick auf die Fotos zum ersten Mal der Satz fällt: »Wow, das könnte eine Yves-St. Laurent-Kampagne sein!«

Aber Modeln ist nicht für jede und jeden das Richtige. Die richtige Auswahl zu treffen, und nur diejenigen zu fördern und auszubilden, die eine realistische Chance haben, das ist auch Teil meiner Verantwortung. Denn die Jahre, in denen ein Model Karriere machen kann, sind begrenzt und fallen in eine Phase im Leben, in der es viele Möglichkeiten gibt, sein Leben zu gestalten. Wer denkt, modeln wäre das Richtige, möchte ich raten: Sei, wie du bist und suche den Erfolg nicht um jeden Preis. Verstell dich nicht, stehe zu dir, bleib authentisch. Wenn du damit Erfolg hast als Model oder Influencer, schön. Wenn nicht, auch nicht schlimm. Dann hast du bestimmt ein anderes Talent.

Als ich die letzten Seiten eben nochmals gelesen habe, klingelte das Telefon. Ein Kunde, mit dem ich auch befreundet bin. Er hatte gerade eine Studie über Influencer gelesen und interessierte sich für die Influencerin Leonie Hanne. Sie hat 4 Millionen Follower, laut Studie einen Markenwert von über zehn Millionen Euro und liegt damit auf Platz eins in der Liste der wertvollsten deutschen Influencer. Er fragte mich nach meiner Meinung, ob sie als Testimonial die Richtige sei für sein Unternehmen. Überlege selbst, habe ich geantwortet: Wenn sie vier Millionen Follower hat, ist es dann nicht seltsam, dass durchschnittlich nur 150 Menschen ihre Posts kommentieren, die meisten davon aus dem Ausland kommen und viele nur ein Emoji posten? Wonach sieht das aus: Fame oder Fake?

ÜBER DEN AUTOR

Marco Sinervo (1975) ist seit 25 Jahren Model-Agent. Bevor Marco Sinervo MGM Models gründete, war er bereits erfolgreicher Agent in Mailand, Paris und New York. Er hat Kate Upton entdeckt, die Karriere von Chrissie Teigen maßgeblich gefördert und etlichen anderen Models zu internationalen Karrieren verholfen. Marco Sinervo lebt mit seiner Frau und vier Kindern in Hamburg.